Zielke

Numerische Berechnung von benachbarten inversen Matrizen und linearen Gleichungssystemen

Schriften zur Datenverarbeitung

herausgegeben von
Dr. Paul Schmitz und Dr. Christoph Heinrich

Band 2

Band 1 Zuse, Rechnender Raum

Band 2 Zielke, Numerische Berechnung von benachbarten inversen Matrizen und linearen Gleichungssystemen

Band 3 Stahlknecht, Operations Research

Band 4 Henze, Einführung in die Informationstheorie

Gerhard Zielke

Martin-Luther-Universität
Halle-Wittenberg
Sektion Mathematik

Numerische Berechnung von benachbarten inversen Matrizen und linearen Gleichungssystemen

Springer Fachmedien Wiesbaden GmbH

Verlagsredaktion: Alfred Schubert, Burkhard Anger

ISBN 978-3-528-09610-6 ISBN 978-3-322-85998-3 (eBook)
DOI 10.1007/978-3-322-85998-3

1970

Ursprünglich erschienen bei Friedr. Vieweg & Sohn GmbH, Verlag, Braunschweig 1970

Best.-Nr. 9610

Vorwort

Die numerische Behandlung von Matrizen gewinnt zunehmend Bedeutung in einer Vielzahl von Wissensgebieten; insbesondere tritt häufig die Frage auf, wie sich Änderungen an Matrizen auf die Inverse der Matrix auswirken. Als Operationen kommen Addition, Ränderung und Reduktion von Matrizen in Frage. Solche Fragestellungen sind von besonderem Interesse, z. B. bei der Lösung von Gleichungssystemen, wenn man die Eingabedaten im oben angegebenen Sinne ändert und eine Neuberechnung des gesamten Systems wegen des hohen Rechenaufwandes vermeiden möchte, wobei vor allem wirtschaftliche Erwägungen eine Rolle spielen. Das Problem ist bisher nicht unter diesem allgemeinen Gesichtspunkt untersucht worden. Außerdem dürfte es sich um die erste zusammenfassende Darstellung handeln, die die Bedürfnisse der Datenverarbeitung berücksichtigt. So werden zu den wichtigsten Verfahren getestete ALGOL-Prozeduren angegeben. Zu jedem der Verfahren sind numerische Beispiele angeführt, so daß auch Leser, die sich nur sehr oberflächlich in der Matrizenrechnung auskennen, daraus Gewinn ziehen können.

Für das vertiefte Studium weiterer Einzelheiten gibt das ausführliche Literaturverzeichnis eine gute Hilfestellung. Der Verfasser hat sich bemüht, den historischen Werdegang der einzelnen Formeln zu verfolgen, die sehr verstreut in der mathematischen Literatur auftauchen. Es ist sehr zu begrüßen, daß versucht wurde, alle diese Formeln auf eine gemeinsame Wurzel zurückzuführen und man möchte hoffen, daß sich weitere mathematische Untersuchungen mit diesen Fragestellungen beschäftigen, die für die Praxis von großer Bedeutung sein können, da der Rechenaufwand oft nicht unbeträchtlich gesenkt werden kann, wie man aus den im Text angegebenen Zusammenstellungen des Aufwands an Multiplikationen entnehmen kann.

Die Herausgeber

Dortmund, im Oktober 1969

Für großzügige Unterstützung

und wertvolle Hinweise

bei der Abfassung dieser Arbeit

möchte ich Herrn Prof. Dr. *E. Schincke*

meinen aufrichtigen Dank aussprechen.

Gerhard Zielke

Halle (Saale), September 1968

Inhaltsverzeichnis

1. Problemstellung und Zusammenfassung

Die Inversion von Matrizen ist eine Grundaufgabe in der numerischen Mathematik, auf die viele mathematische Probleme aus den verschiedensten Gebieten der Wissenschaft, Technik und Wirtschaft zurückgeführt werden. Dabei handelt es sich nicht nur um die Erforschung der von Natur aus linearen Zusammenhänge, sondern häufig um die Lösung von Aufgaben, die durch Finitisierung von Differential- oder Integralgleichungsproblemen oder durch Linearisierung von nichtlinearen Problemen entstanden sind.

Die Matrixinversion ist, theoretisch betrachtet, eine leichte Aufgabe, denn die Elemente der Inversen lassen sich als Quotient zweier Determinanten exakt angeben. Die numerische Berechnung ist jedoch ein schwieriges Problem, das bis heute noch nicht zur vollen Zufriedenheit gelöst ist. Erstens ist die Anzahl der Rechenoperationen bei Matrizen hoher Ordnung n sehr groß, nämlich n^3 Multiplikationen, so daß sich immer Matrizen angeben lassen, z.B. bei volkswirtschaftlichen Bilanzierungen, die aus Gründen der Rechenzeit mit den existierenden Rechenautomaten nicht invertiert werden können. Die zweite Schwierigkeit erwächst aus der beschränkten Stellenzahl, mit der die Maschine rechnet. Die unvermeidlichen Rundungsfehler können sich im Laufe der Rechnung so auswirken, daß schon bei Matrizen relativ niedriger Ordnung starker Stellenverlust auftritt. Namentlich bei Matrizen schlechter Kondition, die gegenüber Änderungen in den Ausgangsdaten oder gegenüber kleineren Verfälschungen während der Rechnung sehr empfindlich sind, müssen spezielle Verfahren verwendet werden, und vielfach ist das Rechnen mit doppelter Genauigkeit erforderlich.

Die auf hinreichend viele geltende Stellen berechnete Inverse stellt demnach häufig das Ergebnis eines hohen maschinellen Aufwandes dar, und es liegt schon aus ökonomischen Gründen nahe, dieses Ergebnis, wenn möglich, bei anderen Rechnungen wieder zu verwenden. Diese Überlegungen führen zu der mathematischen Aufgabe, eine Matrix A zu invertieren, die sich von einer bereits invertierten Matrix B nur wenig unterscheidet, die zu dieser also in gewisser Weise benachbart ist. Diese Vorgehensweise ist aus der Theorie der Störungsrechnung geläufig, dort handelt es sich aber um Aussagen, die nur näherungsweise und nur für kleine Abweichungen gelten. Auch die in der Funktionalanalysis hergeleiteten Beziehungen über die Inversen benachbarter Operatoren setzen bestimmte Bedingungen bezüglich deren Norm voraus und sind nur im Sinne einer Abschätzung zu verstehen. Die in der vorliegenden Arbeit gewonnenen Aussagen sind jedoch exakt und gelten für beliebige Abweichungen.

Bezeichnet man die Ordnung (Anzahl der Zeilen und Spalten) der quadratischen Matrix A mit n und die Ordnung von B mit m, so kann man entsprechend den drei möglichen Vergleichsrelationen zwischen n und m drei Methoden unterscheiden, wie A aus B gebildet wird, und dementsprechend drei Problemstellungen bei der Inversion benachbarter Matrizen formulieren, nämlich

1. $n = m$: Addition von Elementen, Zeilen, Spalten oder Blöcken (Änderungsmethode),
2. $n > m$: Hinzufügung von Zeilen und Spalten (Ränderungsmethode),
3. $n < m$: Weglassen von Zeilen und Spalten (Reduktionsmethode).

Während bei der Änderungsmethode die Ordnungen der benachbarten Matrizen gleich sind und nur ein Ersetzen von Elementen stattfindet, ist die Ränderungsmethode mit der Vergrößerung und die Reduktionsmethode mit der Verkleinerung der ursprünglichen Matrix verbunden. Allen drei Methoden liegen zahlreiche und wesentlich verschiedene praktische Aufgabenstellungen zugrunde. Die Änderungsmethode wird z.B. angewandt, wenn die Koeffizienten der gegebenen Matrix korrigiert oder variiert werden sollen, oder auch, wenn bei Verwendung einer Rechenanlage die Eingabedaten verfälscht wurden. Die Ränderungs- und die Reduktionsmethode sind z.B. vorteilhaft, wenn bei statischen Variantenberechnungen von Tragwerksystemen statische Elemente hinzugefügt oder weggelassen werden oder wenn bei der Lösung von Randwertproblemen die Randbedingungen modifiziert werden. Die Ränderungsmethode kann auch zur Inversion größerer Matrizen auf Rechenanlagen geringer Speicherkapazität verwendet werden.

Die vorliegende Arbeit befaßt sich mit der Herleitung und Zusammenstellung von Matrixidentitäten und Rechenverfahren zur Lösung der skizzierten Problemstellungen sowie mit dem Vergleich der Verfahren bezüglich ihrer Grundidee und ihres Rechenaufwandes.

Als Resultat der Untersuchungen wird sich herausstellen, daß sämtliche Formeln zur Inversion benachbarter Matrizen, die bisher in der Literatur getrennt nach Änderung, Ränderung und Reduktion weitgehend isoliert betrachtet wurden, auf eine einzige Grundformel zurückgeführt werden können, die zu Beginn der Arbeit konstruktiv hergeleitet wird. Neue Identitäten zwischen den Inversen benachbarter Matrizen konnten bei der Änderungsmethode, insbesondere bei der Inversion symmetrischer Matrizen, sowie bei der bisher nur wenig untersuchten Reduktionsmethode gewonnen werden. Die aus diesen Identitäten konstruierten Rechenverfahren sind bezüglich ihres Rechenaufwandes optimal. Ferner wurde bewiesen, daß die beiden Verfahren zur vollständigen Inversion beliebiger nichtsingulärer Matrizen durch schrittweise Anwendung der Änderungs- bzw. Ränderungsmethode nie versagen, wenn in der Ausgangsmatrix geeignete Zeilen- oder Spaltenvertauschungen vorgenommen werden. Durch Betrachtung einer differentiellen Änderung konnte aus der allgemeinen Änderungsformel das SCHULZsche Iterationsverfahren zur Verbesserung der Inversen auf einfache Weise neu hergeleitet werden. Die drei Inversionsmethoden wurden auch auf die Lösung benachbarter linearer Gleichungssysteme übertragen. Dabei ergaben sich unter Verwendung der Eliminationsdaten des bereits gelösten Systems sehr wirkungsvolle Verfahren, die weit günstiger als die herkömmlichen sind. Zwei Verfahren zur nachträglichen Korrektur einer Lösung stellten sich als Spezialfälle der Änderungsmethode heraus. Neue Ergebnisse konnten auch bei der Reduktion von linearen Gleichungssystemen gewonnen werden, die in der Literatur bisher überhaupt noch nicht behandelt worden ist.

In bibliographischen Bemerkungen wurde die bisher geleistete Forschungsarbeit auf dem Gebiet der Inversion benachbarter Matrizen zusammengefaßt und kritisch beurteilt. Dabei mußten einige in der bisherigen Literatur enthaltene Prioritätsangaben korrigiert werden, z.B. wurde ermittelt, daß die bekannte und bisher überall nach SHERMAN und MORRISON benannte Änderungsformel tatsächlich bereits einige Jahre früher in allgemeinerer Form von DUNCAN gefunden wurde. Es war ein Mitanliegen des Verfassers, eine möglichst lückenlose Bibliographie zu liefern und alle bisherigen Untersuchungen zu dem genannten Gegenstand zu einem gewissen Abschluß zu bringen. Eine wertvolle Hilfe bei der Auffindung der Spezialliteratur waren die ausgezeichnete Zusammenstellung und Klassifikation der Literatur über lineare Gleichungssysteme von FORSYTHE 1953 [37] sowie das umfangreiche Literaturverzeichnis über numerische Methoden der linearen Algebra aus dem Standardwerk von FADDEJEW und FADDEJEWA 1963 [34]. Für die verschiedenen Inversionsmethoden wurden getestete ALGOL-Programme und einfache Beispiele angegeben. Einige der neu entwickelten Algorithmen wurden bereits vorveröffentlicht.

2. Die Änderungsmethode

2.1 Allgemeine Änderungsformeln

A, B und C seien quadratische Matrizen n-ter Ordnung, A und B überdies nichtsingulär und C zunächst beliebig. Zwischen ihnen bestehe die Beziehung

$$A = B + C. \tag{1}$$

B^{-1}, die Inverse von B, sei bekannt. A^{-1} soll mit Hilfe von B^{-1} berechnet werden. Dazu wird für A^{-1} folgender additiver Ansatz gemacht

$$A^{-1} = B^{-1} - X. \tag{2}$$

Man erhält $X = B^{-1}CA^{-1}$, indem man die aus (1) folgende Gleichung $B = A - C$ von links mit B^{-1} und von rechts mit A^{-1} multipliziert,

$$A^{-1} = B^{-1} - B^{-1}CA^{-1}, \tag{3}$$

und mit (2) vergleicht. Das in X vorkommende unbekannte A^{-1} ist noch durch bekannte Größen zu ersetzen. An dieser Stelle ist es angebracht, die Matrix C zu spezialisieren. Da C als Korrekturmatrix häufig singulär sein wird, also einen Rang $r < n$ aufweist, ist es naheliegend, sie als Produkt $C = UV'$ anzusetzen, wo U und V (n, r)-Matrizen sind und V' die Transponierte zu V ist. Damit ergibt sich aus (3)

$$A^{-1} = B^{-1} - B^{-1}UV'A^{-1}. \tag{4}$$

Um das rechts stehende A^{-1} zu eliminieren und gleichzeitig die Reihenfolge der Faktoren U und V' zu vertauschen und damit eine Matrix der niedrigeren Ordnung r zu erhalten, wird (4) von links mit V' multipliziert, nach $V'A^{-1}$ aufgelöst

$$V'A^{-1} = (E_r + V'B^{-1}U)^{-1}V'B^{-1}$$

und dieser Wert wieder in (4) eingesetzt

$$\boxed{(B + UV')^{-1} = B^{-1} - B^{-1}U(E_r + V'B^{-1}U)^{-1}V'B^{-1}.} \tag{5}$$

E_r bedeutet die Einheitsmatrix r-ter Ordnung. Durch die Identität (5) wird die Inversion einer Matrix n-ter Ordnung auf die Inversion einer Matrix r-ter Ordnung zurückgeführt.

Es ist jetzt noch zu beweisen, daß mit A und B auch die Matrix $E_r + V'B^{-1}U$ nichtsingulär ist. Dazu braucht nur gezeigt zu werden, daß das lineare homogene Gleichungssystem

$$(E_r + V'B^{-1}U)x = 0, \tag{6}$$

in dem x ein r-dimensionaler Spaltenvektor ist, nur die triviale Lösung x = 0 besitzt. Multipliziert man (6) von links mit U, so erhält man $(U + UV'B^{-1}U)x = 0$ oder wegen $UV' = C = A - B$

$$(U + (A - B)B^{-1}U)x = AB^{-1}Ux = 0.$$

Da A und B und damit auch B^{-1} als nichtsingulär vorausgesetzt wurden, muß $Ux = 0$ sein. Aus (6) folgt damit schließlich $x + V'B^{-1}Ux = x = 0$.

Der Beweis kann auch mit Hilfe von Determinanten geführt werden. Die Matrix $\begin{pmatrix} E & -V' \\ U & B \end{pmatrix}$ läßt sich nämlich auf zweierlei Weise als Produkt von zwei Blockdreiecksmatrizen darstellen:

$$\begin{pmatrix} E & 0 \\ U & B + UV' \end{pmatrix}\begin{pmatrix} E & -V' \\ 0 & E \end{pmatrix} = \begin{pmatrix} E & -V' \\ 0 & B \end{pmatrix}\begin{pmatrix} E + V'B^{-1}U & 0 \\ B^{-1}U & E \end{pmatrix}.$$

Geht man zu Determinanten über, so ergibt sich

$$\det(B + UV') = \det B \cdot \det(E + V'B^{-1}U). \tag{7}$$

Wegen der Nichtsingularität von B und $B + UV'$ muß $\det(E + V'B^{-1}U)$ von Null verschieden sein.

Die Identität (5) kann noch etwas verallgemeinert werden. Ersetzt man V' durch SV', wo S eine quadratische Matrix r-ter Ordnung ist, so ergibt sich aus (5)

$$\boxed{(B + USV')^{-1} = B^{-1} - B^{-1}U(E_r + SV'B^{-1}U)^{-1}SV'B^{-1}} \tag{8a}$$

oder, wenn in (5) U durch US ersetzt wird,

$$\boxed{(B + USV')^{-1} = B^{-1} - B^{-1}US(E_r + V'B^{-1}US)^{-1}V'B^{-1}.} \tag{8b}$$

Ersetzt man rechts in (8b) $(E_r + V'B^{-1}US)^{-1}$ durch $(S + SV'B^{-1}US)^{-1}S$, so erhält man eine von WOODBURY 1950 [94] angegebene Formel

$$\boxed{(B + USV')^{-1} = B^{-1} - B^{-1}US(S + SV'B^{-1}US)^{-1}SV'B^{-1}.} \tag{8c}$$

Der Grenzfall, daß S die Nullmatrix ist, muß hier ausgeschlossen werden. Setzt man voraus, daß die Matrix S nichtsingulär ist, so läßt sich in Formel (8a) der Ausdruck $(E_r + SV'B^{-1}U)^{-1}S$ durch $(S^{-1} + V'B^{-1}U)^{-1}$ ersetzen. Damit ergibt sich die bereits 1944 von DUNCAN [26] angegebene Formel

$$\boxed{(B + USV')^{-1} = B^{-1} - B^{-1}U(S^{-1} + V'B^{-1}U)^{-1}V'B^{-1}.} \tag{8d}$$

Das ist anscheinend die zuerst veröffentlichte Änderungsformel. Sie empfiehlt sich besonders dann, wenn S^{-1} bekannt oder leicht berechenbar ist.

Aus jeder der allgemeinen Änderungsformeln (5) und (8a) bis (8d) können alle weiteren Änderungsformeln durch Spezialisierung gefunden werden. Ebenso lassen sich daraus alle Ränderungsformeln und letztlich auch alle Reduktionsformeln herleiten. Schließlich kann man daraus auch die SCHULZsche Iterationsformel zur Matrixinversion [75] gewinnen.

2.2 Spezielle Änderungsformeln

Ausgangspunkt für die folgenden Spezialisierungen ist eine der Änderungsformeln (8), z.B. (8a)

$$(B + USV')^{-1} = B^{-1} - B^{-1}U(E_r + SV'B^{-1}U)^{-1}SV'B^{-1}. \tag{8a}$$

Im Fall, daß die Korrekturmatrix $C = USV'$ den Rang $r = 1$ hat, reduzieren sich die Rechteckmatrizen U und V zu Spaltenvektoren u und v, und die Matrix r-ter Ordnung S wird zu einem Skalar σ. Wesentlich ist, daß auch die nichtsinguläre (r, r)-Matrix $E_r + SV'B^{-1}U$ zu einem Skalar degeneriert. (8a) vereinfacht sich damit zu

$$\boxed{(B + \sigma uv')^{-1} = B^{-1} - \frac{\sigma B^{-1}uv'B^{-1}}{1 + \sigma v'B^{-1}u}.} \tag{9}$$

Praktisch wichtig sind drei Fälle: die Änderung einer Spalte, die Änderung einer Zeile und die Änderung eines einzelnen Elementes von B. Für die herzuleitenden Formeln gilt selbstverständlich wie auch für (9), daß die Korrekturmatrix $C = \sigma uv'$ so gewählt werden muß, daß $B + C$ nichtsingulär ist. Andernfalls würde sich in den Formeln kein von Null verschiedener Nenner ergeben. Die Änderung eines ganzen Blockes einer Matrix führt man zweckmäßigerweise auf wiederholte Spalten- oder Zeilenänderungen zurück. Bei theoretischen Untersuchungen wurden Blockänderungen z.B. von RÓSZA [71] benutzt.

2.2.1 Änderung einer Spalte oder Zeile

Soll nur die j-te Spalte von B geändert werden, etwa durch Addition eines Spaltenvektors u, so hat man in (9) $\sigma = 1$ und $v = e_j$ zu setzen, wo e_j die j-te Spalte der Einheitsmatrix bedeutet. Damit ergibt sich aus (9)

$$(B + ue_j')^{-1} = B^{-1} - \frac{B^{-1}ue_j'B^{-1}}{1 + e_j'B^{-1}u}.$$

Bezeichnet man wie BODEWIG [11], [13] die j-te Zeile von B^{-1} mit $B_{j.}^{-1} = e_j'B^{-1}$, so schreibt sich die *Formel für die Änderung der j-ten Spalte* endgültig

$$(B + ue_j')^{-1} = B^{-1} - \frac{B^{-1}uB_{j.}^{-1}}{1 + B_{j.}^{-1}u} \quad . \tag{10}$$

Diese Formel wurde 1949 von SHERMAN und MORRISON [79] angegeben (jedoch nicht in Matrizenschreibweise).

Soll nur die i-te Zeile von B geändert werden, etwa durch Addition eines Zeilenvektors v', so hat man in (9) $\sigma = 1$ und $u = e_i$ zu setzen. Bezeichnet man die i-te Spalte von B^{-1} mit $B_{.i}^{-1} = B^{-1}e_i$, so schreibt sich die *Formel für die Änderung der i-ten Zeile*

$$(B + e_iv')^{-1} = B^{-1} - \frac{B_{.i}^{-1}v'B^{-1}}{1 + v'B_{.i}^{-1}} \quad . \tag{11}$$

2.2.2 Änderung eines Elementes

Soll nur das Element b_{ij} von B geändert werden, etwa durch Addition einer Zahl c, so hat man in (9) $\sigma = c$, $u = e_i$ und $v = e_j$ zu setzen. Damit ergibt sich aus (9)

$$(B + ce_ie_j')^{-1} = B^{-1} - \frac{cB^{-1}e_ie_j'B^{-1}}{1 + ce_j'B^{-1}e_i} \quad .$$

Bezeichnet man wieder wie BODEWIG mit $E_{ij} = e_ie_j'$ die Matrix, die aus lauter Nullen besteht mit Ausnahme des Elementes (i, j), welches gleich Eins ist, so schreibt sich die *Formel für die Änderung eines Elementes* unter Verwendung der bereits oben eingeführten Bezeichnungen endgültig

$$(B + cE_{ij})^{-1} = B^{-1} - \frac{c}{1 + c\,\beta_{ji}} B_{.i}^{-1} B_{j.}^{-1} \quad , \tag{12}$$

wo unter β_{ji} das Element (j, i) von B^{-1} verstanden werden soll. Diese Formel, die auch für $c = 0$ gilt, stammt ebenfalls von SHERMAN und MORRISON 1950 [80] (jedoch nicht in Matrizenschreibweise).

2.3 Änderung bei symmetrischen Matrizen

Bekanntlich erfordert die Inversion symmetrischer Matrizen nach einem der üblichen Verfahren, z. B. dem GAUSSschen Algorithmus, nur etwa die Hälfte der Rechenoperationen, die für die Inversion nichtsymmetrischer Matrizen gebraucht werden. Es liegt die Vermutung nahe, daß man auch bei Verwendung von Änderungsformeln ähnliche Einsparungen erwarten kann. Dies soll im vorliegenden Abschnitt genauer untersucht werden. Als Ausgangsformel kann z. B. wieder (8a) dienen

$$(B + USV')^{-1} = B^{-1} - B^{-1}U(E_r + SV'B^{-1}U)^{-1}SV'B^{-1}. \tag{8a}$$

Für Vereinfachungen im symmetrischen Fall bietet die Formel in dieser Form jedoch unmittelbar keinen Ansatzpunkt. Wie sich zeigen wird, ergibt die Einbeziehung der Symmetrie sogar eine kompliziertere Form, nur die rechnerische Auswertung wird kürzer, weil nicht mehr alle Elemente der Inversen zu berechnen sind, sondern nur die $(n^2 + n)/2$ Elemente einer Dreiecksmatrix. Voraussetzung für diesen Vorteil ist natürlich, daß neben B auch die Korrekturmatrix $C = USV'$ symmetrisch ist, denn dann ist auch die rechte Seite von (8a) symmetrisch.

Am einfachsten scheint zunächst zu sein, $S = E$ und $U = V$ zu setzen. Damit ist zwar die Symmetrie gesichert, die Wahl von $U = V$ hat aber den Nachteil, daß nicht nur die beiden Rechteckmatrizen U und U' oder im Spezialfall die Spalte u und die Zeile u' zu B addiert werden, sondern die gesamte quadratische Matrix UU'. Es ist deshalb günstiger, für den Fall, daß die (n, k)-Matrix U_1 zu den Spalten $B_{.i+1}, B_{.i+2}, \ldots, B_{.i+k}$ und die (k, n)-Matrix U_1' zu den Zeilen $B_{i+1.}, B_{i+2.}, \ldots, B_{i+k.}$ der Matrix B addiert werden soll, für U und V folgenden Ansatz zu machen

$$U = (U_1, e_{i+1}, \ldots, e_{i+k}),\ V = (e_{i+1}, \ldots, e_{i+k}, U_1). \tag{13}$$

Dann ergibt sich für die Korrekturmatrix $C = UV'$

$$UV' = U_1 \begin{pmatrix} e_{i+1}' \\ \vdots \\ e_{i+k}' \end{pmatrix} + (e_{i+1}, \ldots, e_{i+k})U_1'.$$

UV' ist offenbar symmetrisch und besteht aus dem Spaltenblock U_1, dem Zeilenblock U_1' und sonst nur aus Nullen. Die beiden Blöcke überschneiden sich allerdings in dem quadratischen Mittelstück, welches anschließend durch Subtraktion einer (k, k)-Matrix korrigiert werden müßte, um die gesuchte Form zu erhalten. Da einerseits diese nachträgliche Korrektur umständlich und aufwendig ist und andererseits die Gesamtänderung UV' ebenfalls durch k-fache Änderung symmetrischer Spalten und Zeilen oder auch durch wiederholte Änderung von jeweils zwei zueinander symmetrischen Elementen erreicht werden kann, beschränken sich die folgenden Ausführungen auf diese beiden wichtigen Spezialfälle.

2.3.1 Gleichzeitige Änderung einer Spalte und der dazu symmetrischen Zeile

Sollen die i-te Spalte und Zeile von B geändert werden, etwa durch Addition eines Spaltenvektors u und eines Zeilenvektors u', so hat man in der Formel

$$(B + UV')^{-1} = B^{-1} - B^{-1}U(E_r + V'B^{-1}U)^{-1}V'B^{-1} \tag{5}$$

zunächst gemäß (13)

$$U = (u, e_i) \quad \text{und} \quad V = (e_i, u) \tag{14}$$

zu setzen. Da in dem Produkt

$$C = UV' = ue_i' + e_iu' \tag{15}$$

als Diagonalelement c_{ii} nicht wie gewünscht u_i, sondern $c_{ii} = 2u_i$ entsteht, die Änderung von b_{ii} um u_i also doppelt durchgeführt wird, muß noch eine Korrektur vorgenommen werden.

Das kann erstens dadurch geschehen, daß anschließend an die Inversion nach (5) und (14) an der Matrix A = B + C noch eine Änderung des Elementes a_{ii} um die Zahl $-u_i$ nach der Änderungsformel (12) durchgeführt wird. Der zusätzliche Rechenaufwand ist aber relativ groß, nämlich etwa halb so groß wie der ganze Rechenaufwand nach (5) und (14). Damit wäre der Vorteil, den die Symmetrie mit sich bringt, zur Hälfte wieder vergeben, (vgl. Abschn. 2.6 Abschätzung des Rechenaufwandes). Die zweite Möglichkeit besteht darin, das Element u_i der Änderungsspalte u vor der Rechnung durch $u_i/2$ zu ersetzen (siehe [22]).

Es gibt noch eine dritte Möglichkeit, auf die hier zurückgegriffen werden soll. Die Korrektur $c_{ii} - u_i$ kann vonvornherein mit in die Änderungsformel aufgenommen werden, so daß sich wieder eine echte Identität ergibt. Überraschenderweise beträgt der zusätzliche Rechenaufwand nur eine einzige Addition. Um die Korrektur einzuarbeiten, genügt es, den obigen Ansatz (14) für U etwas abzuändern, nämlich

$$U = (u - u_ie_i, e_i). \tag{16}$$

Damit ergibt sich als Korrekturmatrix endgültig

$$UV' = ue_i' + e_iu' - u_ie_ie_i'.$$

Setzt man dies zusammen mit U und V in (5) ein, so erhält man

$$(B + ue_i' + e_i u' - u_i E_{ii})^{-1} = B^{-1} - B^{-1}(u - u_i e_i, e_i) Q^{-1} \binom{e_i'}{u'} B^{-1} \tag{17}$$

mit

$$Q = E_2 + \binom{e_i'}{u'} B^{-1}(u - u_i e_i, e_i) = \begin{pmatrix} 1 + B_{i.}^{-1}u - u_i\beta_{ii} & \beta_{ii} \\ u'B^{-1}u - u_i u' B_{.i}^{-1} & 1 + u'B_{.i}^{-1} \end{pmatrix}.$$

Die Inverse der zweireihigen Matrix $Q = \begin{pmatrix} q_1 & q_2 \\ q_3 & q_4 \end{pmatrix}$ lautet

$$Q^{-1} = \frac{1}{d}\begin{pmatrix} q_4 & -q_2 \\ -q_3 & q_1 \end{pmatrix} \quad \text{mit} \quad d = q_1 q_4 - q_2 q_3$$

und

$$q_1 = 1 + B_{i.}^{-1}u - u_i\beta_{ii}, \qquad q_2 = \beta_{ii},$$

$$q_3 = u'B^{-1}u - u_i u' B_{.i}^{-1}, \qquad q_4 = 1 + u'B_{.i}^{-1}.$$

Aus Formel (17) ergibt sich dann durch Ausmultiplizieren und geeignetes Zusammenfassen die endgültige *Formel für die gleichzeitige Änderung einer Spalte und der dazu symmetrischen Zeile*

$$\boxed{(B + ue_i' + e_i u' - u_i E_{ii})^{-1} = B^{-1} - \frac{1}{d}\left[B_{.i}^{-1}(k_1 v' + k_2 B_{i.}^{-1}) + v(k_3 v' + k_1 B_{i.}^{-1})\right].} \tag{18}$$

Darin bedeuten: $v = B^{-1}u, \quad w = u'B_{.i}^{-1} = B_{i.}^{-1}u,$

$$k_1 = 1 + w, \; k_2 = -(u'v + u_i),$$

$$k_3 = -\beta_{ii}, \quad d = k_1^2 + k_2\beta_{ii}.$$

Die Symmetrie der rechten Seite von (18) erkennt man daran, daß die Matrizen vv', $B_{.i}^{-1} B_{i.}^{-1}$ und $k_1(B_{.i}^{-1}v' + vB_{i.}^{-1})$ symmetrisch sind. Wie aus den allgemeinen Betrachtungen des Abschn. 2.1 folgt, ist die Determinante d bei nichtsingulärer Matrix $B + UV'$ stets von Null verschieden.

Es ist bemerkenswert, daß die Formel für die Änderung einer Spalte und der dazu symmetrischen Zeile ohne Berücksichtigung des doppelten Diagonalelementes fast mit Formel (18) übereinstimmt. Es fehlt in dem Ausdruck für $k_2 = -(uv' + u_i)$ lediglich der Term u_i. Mit anderen Worten, die beiden Formeln unterscheiden sich, wie bereits erwähnt, nur um eine Addition.

2.3.2 Gleichzeitige Änderung zweier zueinander symmetrischer Elemente

Sollen in der Matrix B nur die beiden zueinander symmetrischen Elemente b_{ij} und $b_{ji} = b_{ij}$ $(i \neq j)$ geändert werden, etwa durch Addition einer Zahl c, so hat man in (14) und (16) $u = ce_j$ und $u_i = 0$ zu setzen. Damit erhält man für die Korrekturmatrix C

$$C = UV' = (ce_j, e_i)\begin{pmatrix} e_i' \\ ce_j' \end{pmatrix} = c(E_{ji} + E_{ij}).$$

Setzt man dies in (5) ein, so kann man wie im Abschn. 2.3.1 vorgehen und eine ähnliche Formel wie (18) herleiten. Die Formel kann aber auch direkt aus (18) durch Spezialisierung gewonnen werden. Man hat dort zu setzen

$$v = cB^{-1}e_j = cB_{.j}^{-1}, \quad w = ce_j'B_{.i}^{-1} = c\beta_{ji} = c\beta_{ij}, \quad k_3 = -\beta_{ii},$$

$$k_1 = 1 + c\beta_{ij}, \; k_2 = -c^2 e_j' B_{.j}^{-1} = -c^2\beta_{jj}, \; d = k_1^2 + k_2\beta_{ii}.$$

Damit ergibt sich aus (18)

$$(B + c(E_{ij} + E_{ji}))^{-1} = B^{-1} - \frac{1}{d}\left[B_{.i}^{-1}(k_1 cB_{j.}^{-1} + k_2 B_{i.}^{-1}) + cB_{.j}^{-1}(k_3 cB_{j.}^{-1} + k_1 B_{i.}^{-1})\right].$$

Zieht man noch das c vor die Klammer, so erhält man endgültig als *Formel für die gleichzeitige Änderung zweier zueinander symmetrischer Elemente*

$$\boxed{(B + c(E_{ij} + E_{ji}))^{-1} = B^{-1} - \frac{c}{d}\left[B_{.i}^{-1}(h_1 B_{j.}^{-1} + h_2 B_{i.}^{-1}) + B_{.j}^{-1}(h_3 B_{j.}^{-1} + h_1 B_{i.}^{-1})\right].} \tag{19}$$

Darin bedeuten:

$$h_1 = 1 + c\beta_{ij}, \quad h_2 = -c\beta_{jj}, \quad h_3 = -c\beta_{ii}, \quad d = h_1^2 - h_2 h_3.$$

Die Symmetrie der rechten Seite von (19) ist offensichtlich, wenn man berücksichtigt, daß beim Übergang von i nach j und umgekehrt h_2 und h_3 zu vertauschen sind.

2.4 Änderung bei linearen Gleichungssystemen

Die Änderungsmethode kann auch zur Lösung eines linearen Gleichungssystems

$$Ax = b \tag{20}$$

dienen, wenn $A = B + uv'$ (u Spaltenvektor, v' Zeilenvektor) gilt und die Lösung $x^{(0)}$ des benachbarten Systems

$$Bx = b \tag{21}$$

bekannt ist. Eine derartige Aufgabenstellung tritt etwa auf, wenn die Korrektur einer bekannten Lösung ermittelt werden soll, ohne das ganze System neu zu lösen, z. B. wenn einzelne oder mehrere Koeffizienten falsch oder auch nur mit falschem Vorzeichen angegeben wurden oder wenn der Einfluß der Koeffizienten auf die Lösung untersucht werden soll.

Die gesuchte Lösung von (20) $x = A^{-1}b$ kann mit Hilfe der Änderungsformel (9) formal sofort hingeschrieben werden

$$x = (B + uv')^{-1}b = B^{-1}b - \frac{B^{-1}uv'B^{-1}}{1 + v'B^{-1}u}\, b. \tag{22}$$

Nun ist $y = B^{-1}u$ die Lösung des Gleichungssystems $By = u$, welches sich von (21) nur in der rechten Seite unterscheidet und leicht gelöst werden kann, wenn (21) nach einem Eliminationsverfahren gelöst wurde und die Reduktionsdaten von B (Koeffizienten des Dreiecksystems, Reduktionsquotienten) wieder verwendet werden. Zusammen mit $x^{(0)} = B^{-1}b$ folgt dann aus (22)

$$\boxed{x = x^{(0)} - \frac{v'x^{(0)}}{1 + v'y}\, y.} \tag{23}$$

Bei nichtsingulären Matrizen A und B ist der Nenner von (23) stets von Null verschieden. Folgende Spezialfälle sind von Interesse.

1. Änderung der j-ten Spalte durch Addition eines Spaltenvektors u. Dann ist $v = e_j$, und aus (23) folgt

$$\boxed{x = x^{(0)} - \frac{x_j^{(0)}}{1 + y_j}\, y.} \tag{24}$$

2. Änderung der i-ten Zeile durch Addition eines Zeilenvektors v'. Dann ist $u = e_i$ und nach (23)

$$\boxed{x = x^{(0)} - \frac{v'x^{(0)}}{1 + v'w}\, w,} \tag{25}$$

wo mit w die Lösung des Gleichungssystems $Bw = e_i$ bezeichnet wird, welches wieder mit den bekannten Reduktionsdaten von B leicht gelöst werden kann.

3. Änderung eines Elementes b_{ij} durch Addition einer Zahl c. Mit $u = e_i$ und $v' = ce_j'$ ergibt sich aus (23)

$$\boxed{x = x^{(0)} - \frac{cx_j^{(0)}}{1 + cw_j}\, w.} \tag{26}$$

Die Berechnung von x nach den Formeln (23) bis (26) besteht in der Hauptsache in der Lösung des Gleichungssystems $By = u$ bzw. $Bw = e_j$. Die Anzahl der Multiplikationen beträgt demnach für große n in allen 4 Fällen n^2.

Eine weitere Anwendung der Änderungsmethode bei linearen Gleichungssystemen besteht in der nachträglichen Korrektur der Lösung $x^{(0)}$ des Systems (21), wenn die Elemente b_{ij} der Koeffizientenmatrix kleineren Änderungen c_{ij} unterworfen werden. Gesucht ist dann die Lösung des abgeänderten Systems $Ax = b$ mit $A = B + C$.

Zur Gewinnung einer Näherungsformel für $x = A^{-1}b$ wird in der Änderungsformel (5) $U = C$ und $V = E$ gesetzt. In der dadurch entstehenden Identität

$$(B + C)^{-1} = B^{-1} - B^{-1}C(E + B^{-1}C)^{-1}B^{-1}$$

kann bei hinreichend kleiner Korrekturmatrix C der Term $B^{-1}C$ gegenüber E vernachlässigt werden, so daß für x die Näherungsbeziehung

$$x \approx B^{-1}b - B^{-1}CB^{-1}b$$

gilt. Da $B^{-1}b = x^{(0)}$ bekannt ist, folgt schließlich

$$\boxed{x \approx x^{(0)} - y} \tag{27}$$

mit $y = B^{-1}Cx^{(0)}$. Die Korrektur y erhält man durch Auflösen des Gleichungssystems $By = Cx^{(0)}$, das sich von (21) nur durch die leicht berechenbare rechte Seite $Cx^{(0)}$ unterscheidet. Wenn man wieder die bekannten Reduktionsdaten von B verwendet, kostet die näherungsweise Berechnung von x demnach $2n^2$ Multiplikationen. Eine andere Herleitung des Verfahrens findet man z. B. in [100], S. 150.

Formel (27) kann auch zur Verbesserung der durch den Eliminationsprozeß mit Fehlern behafteten Lösung $x^{(0)}$ eines linearen Gleichungssystems $Ax = b$ benutzt werden. Betrachtet man nämlich den Fall, daß B in A übergeht, so erhält man die Korrektur y durch Auflösen des Gleichungssystems $Ay = Cx^{(0)} = r$, wo $r = Ax^{(0)} - b$ den Restvektor bezeichnet, der beim Einsetzen der berechneten Lösung in $Ax - b$ anstatt des Nullvektors entsteht. Dieses Vorgehen entspricht der bekannten iterativen Nachbehandlung von Gleichungssystemen, vgl. z. B. [100], S. 148–149. Das Korrekturverfahren kann auch wiederholt angewendet werden. Die Anzahl der Multiplikationen beträgt $2n^2$. Es empfiehlt sich, die Berechnung des Restvektors r wegen des dabei auftretenden Stellenverlustes mit höherer Genauigkeit durchzuführen.

2.5 Bibliographische Bemerkungen

Änderung bei beliebigen Matrizen. Die Änderungsmethode ist in zahlreichen Originalarbeiten und Lehrbüchern beschrieben und benutzt worden. Die Priorität wurde bisher (siehe z. B. HOUSEHOLDER 1953 [46], S. 84, und 1964 [48], S. 123 und 141) SHERMAN und W. J. MORRISON [79] zugestanden, die 1949 die Formeln für die Änderung einer Spalte oder Zeile angaben (ohne Beweis) und 1950 die Formel für die Änderung eines Elementes [80] bewiesen. In beiden Arbeiten wird nicht die Matrizendarstellung, sondern die Indexschreibweise verwendet. Änderungsformeln, die die Abänderung eines Blockes oder auch der ganzen Matrix zulassen, wurden in Matrizenschreibweise in der allgemeinen Form (8c) und (8d) 1950 von WOODBURY [94] angegeben.

Offenbar scheint es bisher entgangen zu sein, daß die Änderungsformel in der allgemeinen Form (8d) bereits 1944 von DUNCAN [26], S. 666 Gleichung 4.8 oder 4.10, gefunden wurde. Die Formel ergibt sich beim Nachweis der Äquivalenz zweier Ränderungsformeln (vgl. Abschn. 3.1) als „Nebenprodukt". Da die Formel inmitten anderer verborgen ist und obendrein durch Abkürzungen nicht sofort erkannt werden kann, ist sie für den flüchtigen Leser schwer auffindbar, auch scheint sie dem Urheber selbst im Zusammenhang mit der Thematik des Aufsatzes nicht von besonderer Bedeutung gewesen zu sein. Da sich DUNCAN in seiner Arbeit auf Vorlesungen von AITKEN bezieht, ist diesem möglicherweise die Änderungsformel bereits bekannt gewesen; in dessen Veröffentlichungen konnte sie jedoch bisher nicht gefunden werden.

1946, vier Jahre vor WOODBURY, wurde die Änderungsformel (8d) auch von GUTTMAN [42], S. 342 Gleichung (13), angegeben. GUTTMAN gewann die Formel ähnlich wie DUNCAN durch Vergleich zweier äquivalenter Ränderungsformeln (vgl. Abschn. 3.1). Auch GUTTMANs interessante Herleitung scheint bisher nicht beachtet worden zu sein. Erst BODEWIG [13], S. 218, machte wieder auf dieselbe Herleitung aufmerksam, die ihm, wie er schreibt, von HEMES mitgeteilt worden war. Einen Spezialfall der Änderungsformeln (B Diagonalmatrix, $U = V$, $S = E$) hat GUTTMAN bereits im Jahre 1940 gefunden [40], S. 92 Gleichung (2). Er benutzte die Formel zur Berechnung der Inversen einer Korrelationsmatrix im Zusammenhang mit der Faktoranalyse, ebenso 1943 in [41], S. 172.

Der Beweis der Änderungsformeln geschieht am einfachsten durch Verifikation, d. h., es wird gezeigt, daß die rechte Seite der Formeln mit $B + USV'$ multipliziert die Einheitsmatrix ergibt. In den meisten Veröffentlichungen wird auch so verfahren, wo natürlich die Frage offenbleibt, wie die Formeln gefunden wurden. Konstruktive Herleitungen sind nur wenige bekannt. In der vorliegenden Arbeit wurde für die gesuchte Inverse ein additiver Ansatz $(B + C)^{-1} = B^{-1} - X$ gemacht. KOSKO verwendete 1957 [56], S. 178, für den Spezialfall, daß die von Null verschiedenen Elemente der Korrekturmatrix C in einem rechteckigen Zeilenblock gruppiert sind, einen Produktansatz $(B + C)^{-1} = B^{-1} X$. Der speziellen Gestalt von C zufolge läßt sich X leicht durch Inversion einer Blockdreiecksmatrix gewinnen. Zur Darstellung der Endformel geht KOSKO dann auch auf die Summenform über. Eine andere Herleitung mehr heuristischer Art wurde 1951 von BARTLETT [6] und 1957 von HOUSEHOLDER [47], S. 166–167, für den Spezialfall, daß die Korrekturmatrix C den Rang 1 hat, angegeben. HOUSEHOLDER setzt C in der Form $C = -\sigma u v'$ an (BARTLETT: $\sigma = -1$), wo σ ein Skalar, u und v Spaltenvektoren sind, und erhält als Inverse zunächst $(B + C)^{-1} = B^{-1}(E - \sigma u v' B^{-1})^{-1}$. Der rechte Faktor wird, genügend kleines σ vorausgesetzt, nach Potenzen von σ entwickelt. Nach geeigneten Umformungen erhält man eine Änderungsformel, die formal nur für kleine σ gilt, die aber tatsächlich für jedes $\sigma \neq 1/(v' B^{-1} u)$ verifiziert werden kann.

STEWARD [83] teilte 1965 eine von BÜCKNER [16] stammende, von diesem aber nicht veröffentlichte, Herleitung der Änderungsformel (5) mit. Die Herleitung, die über die formale Lösung zweier benachbarter linearer Gleichungssysteme verläuft, fußt auf der KRONschen Methode zur Netzwerktrennung (siehe z. B. [58] oder [74]), welche von BÜCKNER, wie er 1958 in [17], S. 57, mitteilte, im Jahre 1955 mathematisch analysiert und in Matrizenschreibweise formuliert wurde. Auf einen Zusammenhang mit dem Verfahren von ERHARD SCHMIDT zur näherungsweisen Lösung von Integralgleichungen wies BÜCKNER 1962 [18], S. 448–449 hin.

MEISSL [63] übertrug 1967 die Änderungsformel auf die Berechnung der verallgemeinerten Inversen einer Matrix und wandte die neue Formel, die nur in Spezialfällen gilt, bei der Fehleruntersuchung an geodätischen Netzen an.

Die Änderungsformel wurde in einer vereinfachten Form (ähnlich wie Formel (30) in Abschn. 2.10) 1953 von DWYER und WAUGH [30] zur Fehlerabschätzung für die berechnete Inverse und 1966 von BAUER [7], S. 411, als Grundlage für Fehlerabschätzungen bei linearen Gleichungssystemen benutzt.

Folgende weitere Anwendungen der Änderungsmethode bei der Matrizeninversion sind mir bekannt geworden: RÓZSA 1956 [71]: Bestimmung der Gleichgewichtslage von Balken und Platten; BODEWIG 1956 [12]: nachträgliche Korrekturen bei der Inversion geodätischer Matrizen; FIEDLER und PTÁK 1963 [35]: Inversion schlechkonditionierter LEONTIEFscher Matrizen; STEWARD 1965 [83]: Inversion von schwach besetzten Matrizen durch Zerlegung bei der Berechnung elektrischer Netzwerke oder Balkenfachwerke; DÜCK 1966 [24]: Lösung von betriebs- und volkswirtschaftlichen Problemen; BENNETT 1966 [8]: Abänderung der Inversen dreiecksfaktorisierter Matrizen (günstig bei Bandmatrizen); MÜLLER-MERBACH 1967 [67]: lineare Planungsrechnung mit parametrisch veränderten

Koeffizienten der Bedingungsmatrix ; CHEN und CHENG 1967 [19] : Elektrodynamik, Lorentztransformation ; CHIDAMBARA 1967 [20] : Abänderung von Parametern in adaptiven Regelsystemen (spezielle Herleitung der Änderungsformel für die letzte Spalte).

Änderung bei symmetrischen Matrizen. Der erste Hinweis (ohne Formel), daß sich bei symmetrischen Änderungen symmetrischer Matrizen Vereinfachungen ergeben, stammt wohl 1951 von SHERMAN, veröffentlicht 1953 in [78]. Eine formelmäßige Beziehung für die Änderung der Inversen, wenn speziell zwei zueinander symmetrische Elemente abgeändert werden, wurde wahrscheinlich zuerst von BROCK 1953 [15] (aber viel zu aufwendig, weil u.a. eine Matrizenmultiplikation vorkommt) und später von BODEWIG 1955 [11], S. 103, und 1956 [13], S. 34, angegeben. BODEWIG erhielt diese Beziehung durch zweimalige Anwendung der SHERMAN-MORRISON-Formel (12) für die Änderung eines Elementes. Wie BODEWIG selbst schreibt, wird seine Formel im allgemeinen praktisch weniger brauchbar sein als die von SHERMAN und MORRISON, da sie 5 einfache (dyadische) Produkte enthält (also $5n^2$ Multiplikationen), während die zweimalige Anwendung letzterer nur 2 einfache Produkte erfordert. In der 2. Auflage seines Buches „Matrix Calculus" 1959 [13] ließ BODEWIG die Ausführungen über die Änderung bei symmetrischen Matrizen dann auch weg. Der Widerspruch, der sich zwischen dem vorletzten und drittletzten Satz bezüglich des Rechenaufwandes ergibt, klärt sich schnell auf. Durch geeignete Zusammenfassungen kann nämlich die BODEWIGsche Formel weiter vereinfacht werden, so daß sie mit Formel (19) dieser Arbeit identisch wird und dann auch nur 2 dyadische Produkte enthält.

Ausführlich beschäftigte sich DÜCK 1964 [22] (siehe auch [23] 1966) mit der Änderung bei symmetrischen Matrizen. Er gewann die Identitäten für die symmetrische Änderung zweier Elemente bzw. einer Zeile und einer Spalte (allerdings ohne Berücksichtigung des doppelten Diagonalelementes) aus der allgemeinen Änderungsformel (5). Diese Identitäten enthalten aber jeweils 4 dyadische Produkte (also $4n^2$ Multiplikationen), so daß sie für die rechnerische Durchführung der Inversion in dieser Form zu aufwendig sind. Zur Aufstellung von Rechenalgorithmen leitete DÜCK deshalb die entsprechenden Formeln durch zweimalige Anwendung der SHERMAN-MORRISON-Formel für die Änderung eines Elementes bzw. für die Änderung einer Zeile und einer Spalte her. Der Rechenaufwand beim DÜCKschen Algorithmus für die Änderung zweier zueinander symmetrischer Elemente ist der gleiche wie nach Formel (19) dieser Arbeit, nämlich $n^2 + O(n)$ Multiplikationen. Der Rechenaufwand beim Dückschen Algorithmus für die Änderung einer Zeile und der dazu symmetrischen Spalte beträgt $\frac{5}{2}n^2 + O(n)$ gegenüber $2n^2 + O(n)$ Multiplikationen nach Formel (18) dieser Arbeit. Die beiden DÜCKschen Algorithmen haben den Nachteil, daß sie auch im nichtsingulären Fall wegen Division durch Null versagen können (entgegen der in [23] S. T 42 gemachten Behauptung).

Die beiden in dieser Arbeit hergeleiteten Identitäten für die gleichzeitige symmetrische Änderung zweier Elemente bzw. einer Zeile und einer Spalte scheinen in dieser Form neu zu sein und der für die rechnerische Auswertung nötige Rechenaufwand optimal. Die beiden dazugehörigen ALGOL-Prozeduren INVSYM 2 und INVSYM (siehe 2.7) wurden 1968 [97], [98] bereits vorveröffentlicht. Eine zusammenfassende Darstellung des Abschn. 2.3 über die Änderungsmethode bei symmetrischen Matrizen wird in [99] gegeben.

Änderung bei linearen Gleichungssystemen. Bei linearen Gleichungssystemen wurde die Änderungsmethode wahrscheinlich zuerst von WEINER 1948 [89] angewandt und von I. F. MORRISON 1948 [66] in einer Diskussion dieser Arbeit auf Matrizenform gebracht. Die Methode, die für beliebige Änderungen hergeleitet wurde, ist aber sehr aufwendig, weil sie neben der Lösung des ungeänderten Systems auch dessen Inverse als vollständig bekannt voraussetzt und überdies eine weitere Inversion erfordert. Im Anschluß an diese Arbeit untersuchte BROCK 1953 [15] besonders die Spezialfälle der Änderung zweier symmetrischer Elemente bei symmetrischen Matrizen und eines einzelnen Elementes bei nichtsymmetrischen Matrizen. Der letztgenannte Fall wurde auch 1958 von SEWARD [77] behandelt. Sowohl SEWARD als auch BROCK setzen die Kenntnis einer bzw. mehrerer Spalten der Inversen voraus, sie wiesen aber nicht auf deren leichte Berechenbarkeit hin, wenn die Eliminationsdaten des bereits gelösten Systems verwendet werden. Eine breite Darstellung der Koeffizientenabänderung bei linearen Gleichungssystemen zusammen mit weiteren Spezialfällen wurde 1967 von DÜCK [25] gegeben. Weitere bibliographische Bemerkungen befinden sich am Ende des Abschn. 2.9.

2.6 Abschätzung des Rechenaufwandes

Bei Matrizenproblemen genügt es, zur Abschätzung des Rechenaufwandes, besonders zum Vergleich mit anderen Methoden, die Anzahl der Multiplikationen (Divisionen) zu betrachten. Für einige wichtig erscheinende Änderungsformeln wurden diese Operationszahlen in den folgenden beiden Tabellen zusammengestellt.

a) Nichtsymmetrische Matrizen

Änderung	Verfahren	Multiplikationen
1 Spalte bzw. 1 Zeile	Formel (10) bzw. (11) (SHERMAN-MORRISON)	$2n^2 + 0(n)$
1 Element	Formel (12) (SHERMAN-MORRISON)	$n^2 + 0(n)$

b) Symmetrische Matrizen

<table>
<tr><th>Änderung</th><th>Verfahren</th><th>Multiplikationen</th></tr>
<tr><td rowspan="2">1 Spalte und die dazu symmetrische Zeile</td><td>Formel (18)
(ZIELKE)</td><td>$2n^2 + 0(n)$</td></tr>
<tr><td>Formel (10) und (11)
(SHERMAN-MORRISON)</td><td>$\frac{7}{2}n^2 + 0(n)$</td></tr>
<tr><td rowspan="2">2 symmetrische Elemente</td><td>Formel (19)
(ZIELKE)</td><td>$n^2 + 0(n)$</td></tr>
<tr><td>Formel (12)
(SHERMAN-MORRISON)</td><td>$\frac{3}{2}n^2 + 0(n)$</td></tr>
</table>

Zum Vergleich sei die Anzahl der Multiplikationen zur Inversion der gesamten Matrix nach einem der üblichen Verfahren (z. B. GAUSS-Elimination) angegeben:

nichtsymmetrische Matrix: n^3,
symmetrische Matrix: $\frac{1}{2}n^3 + 0(n^2)$.

Vom Rechenaufwand her gesehen ist demnach die Berichtigung einer bekannten Inversen nach den Änderungsformeln (10), (11) bzw. (12) dann günstiger als eine erneute Inversion, wenn für die Anzahl k der zu ändernden Spalten oder Zeilen $k < \frac{n}{2}$ bzw. für die Anzahl l der zu ändernden Elemente $l < n$ gilt. Im symmetrischer Fall gilt entsprechend für die Anzahl k der nach Formel (18) zu ändernden Spalten und Zeilen $k < \frac{n}{4}$ und für die Anzahl l der nach Formel (19) zu ändernden Elementepaare $l < \frac{n}{2}$. Wie aus der Tabelle b) ersichtlich, konnte bei der Abänderung symmetrischer Matrizen gegenüber den bisher verwendeten SHERMAN-MORRISON-Formeln eine beträchtliche Verbesserung erzielt werden.

2.7 ALGOL-Programme

Zur Berechnung der Inversen nach den Formeln (10), (11), (12), (18), (19) wurden 5 ALGOL-Prozeduren aufgestellt, und zwar die Prozedur COLCH (column change) für die Änderung einer Spalte, die Prozedur ROWCH (row change) für die Änderung einer Zeile, die Prozedur ELCH (element change) für die Änderung eines Elementes (schneller als in [43]), die Prozedur INVSYM für die gleichzeitige Änderung einer Spalte und der dazu symmetrischen Zeile und die Prozedur INVSYM 2 für die gleichzeitige Änderung zweier symmetrischer Elemente. Die letzten beiden Prozeduren für symmetrische Matrizen wurden in [98] und [97] bereits veröffentlicht.

```
procedure COLCH (n, j, u, a, b);
value n, j; integer n, j; array u, a, b;
comment COLCH (column change) berechnet die Inverse A^-1 = a einer beliebigen
nichtsingulären Matrix A = B + ue_j' n-ter Ordnung, die aus der Matrix B durch Addi-
tion eines Spaltenvektors u zur j-ten Spalte hervorgeht. B^-1 = b wird als bekannt
vorausgesetzt;
begin integer k, l; real d, s; array v[1 : n];
      d := 1;
      for k := 1 step 1 until n do d := d + b[j, k] × u[k];
      for k := 1 step 1 until n do
      begin s := 0;
            for l := 1 step 1 until n do s := s + b[k, l] × u[l]; v[k] := s/d
      end;
      for k := 1 step 1 until j − 1, j + 1 step 1 until n do
      for l := 1 step 1 until n do
         a[k, l] := b[k, l] − v[k] × b[j, l];
      for l := 1 step 1 until n do
         a[j, l] := b[j, l] × (1 − v[j])
end COLCH
```

```
procedure ROWCH (n, i, v, a, b);
value n, i; integer n, i; array v, a, b;
comment ROWCH (row change) berechnet die Inverse A^-1 = a einer beliebigen
nichtsingulären Matrix A = B + e_i v' n-ter Ordnung, die aus der Matrix B durch
Addition eines Zeilenvektors v' zur i-ten Zeile hervorgeht. B^-1 = b wird als bekannt
vorausgesetzt;
begin integer k, l; real d, s; array u[1 : n];
      d := 1;
      for k := 1 step 1 until n do d := d + v[k] × b[k, i];
      for k := 1 step 1 until n do
      begin s := 0;
            for l := 1 step 1 until n do s := s + v[l] × b[l, k]; u[k] := s/d
      end;
      for l := 1 step 1 until i − 1, i + 1 step 1 until n do
      for k := 1 step 1 until n do
         a[k, l] := b[k, l] − b[k, i] × u[l];
      for k := 1 step 1 until n do
         a[k, i] := b[k, i] × (1 − u[i])
end ROWCH
```

```
procedure ELCH (n, i, j, c, a, b);
value n, i, j, c; integer n, i, j; real c; array a, b;
comment ELCH (element change) berechnet die Inverse A^-1 = a einer beliebigen
nichtsingulären Matrix A = B + c e_i e_j' n-ter Ordnung, die aus der Matrix B durch
Addition der Zahl c zum Element B_ij hervorgeht. B^-1 = b wird als bekannt voraus-
gesetzt;
begin integer k, l; real d, s;
      d := c/(1 + c × b[j, i]);
      for k := 1 step 1 until n do
         begin s := d × b[k, i];
            for l := 1 step 1until n do
            a[k, l] := b[k, l] - s × b[j, l]
         end
end ELCH

procedure INVSYM (n, i, u, a, b);
value n, i; integer n, i; array u, a, b;
comment INVSYM berechnet die Inverse A^-1 = a einer nichtsingulären symmetri-
schen Matrix A = B + u e_i' + e_i u' - u_i e_i e_i' n-ter Ordnung, die aus der symmetrischen
Matrix B dadurch hervorgeht, daß zur i-ten Zeile eine Zeile u' = (u_1, u_2, . . ., u_i,
. . ., u_n) und zur i-ten Spalte eine Spalte u addiert wird. Dabei wird das Diagonal-
element u_i nur einmal berücksichtigt. B^-1 = b wird als bekannt vorausgesetzt;
begin integer k, l; real k1, k2, k3, w, d, t;
      array r, s, v[1 : n];
      for k := 1 step 1 until n do
         begin t := 0;
               for l := 1 step 1 until n do
               t := t + b[k, l] × u [l]; v[k] := t
         end;
      w := 0;
      for k := 1 step 1 until n do w := w + u[k] × b[k, i];
      k1 := 1 + w; k3 := - b[i, i];
      t := 0;
      for k := 1 step 1 until n do t := t + u[k] × v[k];
      k2 := - t - u[i]; d := k1 ↑ 2 + k2 × b[i, i];
      k1 := k1/d; k2 := k2/d; k3 := k3/d;
      for k := 1 step 1 until n do
```

```
    begin r[k]  := k1 × v[k] + k2 × b[i, k];
              s[k]  := k3 × v[k] + k1 × b[i, k]
    end;
  for k  := 1 step 1 until n do
  for l  := 1 step 1 until k do
  a[k, l]  := a[l, k]  := b[k, l] − b[k, i] × r[l] − v[k] × s[l]
end INVSYM

procedure INVSYM 2 (n, i, j, c, a, b);
value n, i, j, c; integer n, i, j; real c; array a, b;
comment INVSYM 2 berechnet die Inverse A⁻¹ = a einer nichtsingulären symme-
trischen Matrix A = B + c(eᵢeⱼ' + eⱼeᵢ') n-ter Ordnung, die aus der symmetrischen
Matrix B durch Abänderung zweier zueinander symmetrischer Elemente Bᵢⱼ und
Bⱼᵢ = Bᵢⱼ(i ≠ j) um die Zahl c hervorgeht. B⁻¹ = b wird als bekannt vorausgesetzt;
begin integer k, l; real h1, h2, h3, d;
  array r, s[1 : n];
  h1  := 1 + c × b[i, j]; h2  := − c × b[j, j];
  h3  : = − c × b[i, i]; d  := h1 ↑ 2 − h2 × h3; d  := c/d;
  h1  := h1 × d; h2  := h2 × d; h3  := h3 × d;
  for k  := 1 step 1 until n do
    begin r[k]  := h1 × b[j, k] + h2 × b[i, k];
              s[k]  := h3 × b[j, k] + h1 × b[i, k]
    end;
  for k  := 1 step 1 until n do
  for l  := 1 step 1 until k do
  a[k, l]  := a[l, k]  := b[k, l] − b[k, i] × r[l] − b[k, j] × s[l]
end INVSYM 2
```

2.8 Beispiele

Die in den Abschnitten 2.2 und 2.3 hergeleiteten Formeln sollen nun an Hand einfacher Beispiele erläutert werden.

a) Nichtsymmetrische Matrizen

Gegeben sind eine Matrix B und ihre Inverse B^{-1}

$$B = \begin{pmatrix} 1 & 1 & 1 \\ 1 & 2 & 3 \\ 4 & 5 & 7 \end{pmatrix}, \qquad B^{-1} = \begin{pmatrix} -1 & -2 & 1 \\ 5 & 3 & -2 \\ -3 & -1 & 1 \end{pmatrix}.$$

Gesucht ist die Inverse der Matrix A = B + C. Die Korrekturmatrix C ist dabei so beschaffen, daß durch ihre Addition in B eine Spalte, eine Zeile oder ein einzelnes Element geändert wird.

1. *Änderung einer Spalte.* Es seien

$$j = 2, \quad u = \begin{pmatrix} 1 \\ -5 \\ -4 \end{pmatrix}. \quad \text{Dann ist } C = ue_j' = \begin{pmatrix} 0 & 1 & 0 \\ 0 & -5 & 0 \\ 0 & -4 & 0 \end{pmatrix}.$$

Für die Inverse der geänderten Matrix

$$A = \begin{pmatrix} 1 & 2 & 1 \\ 1 & -3 & 3 \\ 4 & 1 & 7 \end{pmatrix}$$

ergibt sich dann nach Formel (10)

$$A^{-1} = \begin{pmatrix} 24 & 13 & -9 \\ -5 & -3 & 2 \\ -13 & -7 & 5 \end{pmatrix}.$$

2. *Änderung einer Zeile.* Es seien

$$i = 3, v' = (-3, -2, -1). \text{ Dann ist } C = e_i v' = \begin{pmatrix} 0 & 0 & 0 \\ 0 & 0 & 0 \\ -3 & -2 & -1 \end{pmatrix}.$$

Für die Inverse der geänderten Matrix

$$A = \begin{pmatrix} 1 & 1 & 1 \\ 1 & 2 & 3 \\ 1 & 3 & 6 \end{pmatrix}$$

ergibt sich dann nach Formel (11)

$$A^{-1} = \begin{pmatrix} 3 & -3 & 1 \\ -3 & 5 & -2 \\ 1 & -2 & 1 \end{pmatrix}.$$

3. *Änderung eines Elementes.* Es seien
$c = -0.5$, $i = j = 3$. Dann ist

$$C = ce_i e_j' = \begin{pmatrix} 0 & 0 & 0 \\ 0 & 0 & 0 \\ 0 & 0 & -0.5 \end{pmatrix}.$$

Für die Inverse der geänderten Matrix

$$A = \begin{pmatrix} 1 & 1 & 1 \\ 1 & 2 & 3 \\ 4 & 5 & 6.5 \end{pmatrix}$$

ergibt sich dann nach Formel (12)

$$A^{-1} = \begin{pmatrix} -4 & -3 & 2 \\ 11 & 5 & -4 \\ -6 & -2 & 2 \end{pmatrix}.$$

b) Symmetrische Matrizen

Gegeben sind eine symmetrische Matrix B und ihre Inverse B^{-1}

$$B = \begin{pmatrix} 1 & 0.5 & 3 \\ 0.5 & 0 & 1 \\ 3 & 1 & 4 \end{pmatrix}, \quad B^{-1} = \begin{pmatrix} -1 & 1 & 0.5 \\ 1 & -5 & 0.5 \\ 0.5 & 0.5 & -0.25 \end{pmatrix}.$$

Gesucht ist die Inverse der Matrix $A = B + C$, wo die Addition der Korrekturmatrix C die symmetrische Änderung einer Spalte und Zeile bzw. zweier Elemente in B bewirkt.

1. *Gleichzeitige Änderung einer Spalte und der dazu symmetrischen Zeile.* Es seien

$$i = 3, \quad u = \begin{pmatrix} 1 \\ 0 \\ 4 \end{pmatrix}. \text{ Dann ist } C = ue_i' + e_iu' - u_ie_ie_i' = \begin{pmatrix} 0 & 0 & 1 \\ 0 & 0 & 0 \\ 1 & 0 & 4 \end{pmatrix}.$$

Für die Inverse der geänderten Matrix

$$A = \begin{pmatrix} 1 & 0.5 & 4 \\ 0.5 & 0 & 1 \\ 4 & 1 & 8 \end{pmatrix}$$

ergibt sich dann nach Formel (18)

$$A^{-1} = \begin{pmatrix} -1 & 0 & 0.5 \\ 0 & -8 & 1 \\ 0.5 & 1 & -0.25 \end{pmatrix}.$$

2. *Gleichzeitige Änderung zweier zueinander symmetrischer Elemente.* Es seien

$$c = -2, \quad i = 1, \quad j = 3. \text{ Dann ist } C = c(e_ie_j' + e_je_i') = \begin{pmatrix} 0 & 0 & -2 \\ 0 & 0 & 0 \\ -2 & 0 & 0 \end{pmatrix}.$$

Für die Inverse der geänderten Matrix

$$A = \begin{pmatrix} 1 & 0.5 & 1 \\ 0.5 & 0 & 1 \\ 1 & 1 & 4 \end{pmatrix}$$

ergibt sich dann nach Formel (19)

$$A^{-1} = \begin{pmatrix} 1 & 1 & -0.5 \\ 1 & -3 & 0.5 \\ -0.5 & 0.5 & 0.25 \end{pmatrix}$$

2.9 Vollständige Inversionsverfahren (Ergänzungsverfahren)

Die Änderungsmethode kann zur vollständigen Inversion beliebiger nichtsingulärer Matrizen verwendet werden. In der deutschsprachigen Literatur findet man für dieses Vorgehen die Begriffe „Ergänzungsverfahren" [34] oder „Komplettieren" (BODEWIG 1955 [11]). In der englischsprachigen Literatur verwendet man die Begriffe "completing" (BODEWIG 1956 [13]), "completion method" (WALTMANN 1960 [86]), "method of modification" (HOUSEHOLDER 1964 [48]) oder "method of rank annihilation" (WILF 1959 [90], [91], [31]).

Das Ergänzungsverfahren besteht in folgendem. Man geht von einer nichtsingulären Anfangsmatrix $A^{(0)}$ aus, deren Inverse bekannt ist oder sich leicht berechnen läßt, und baut durch nacheinander auszuführende Spalten- (oder Zeilen-) änderungen aus $A^{(0)}$ die zu invertierende Matrix A und mittels der Änderungsformel (10) oder (11) schrittweise deren Inverse auf. Im allgemeinen werden dazu bei einer Matrix n-ter Ordnung n Schritte nötig sein. Als Anfangsmatrix wird meist die Einheitsmatrix E gewählt. Man kann auch von einer Matrix ausgehen, die aus der Hauptdiagonale von A und sonst nur aus Nullen besteht. Dies setzt allerdings voraus, daß alle Hauptdiagonalelemente von Null verschieden sind, was aber durch Spaltenvertauschungen stets erreicht werden kann. In der folgenden Herleitung des Ergänzungsverfahrens durch Spaltenänderungen wird $A^{(0)} = E$ gewählt.

Die zu invertierende Matrix A läßt sich als Summe

$$A = A_{.1}e_1' + A_{.2}e_2' + \ldots + A_{.n}e_n'$$

von Matrizen $A_{.j}e_j'$ darstellen, die aus der j-ten Spalte von A und sonst nur aus Nullen bestehen. Ähnlich kann die Einheitsmatrix in eine Summe $E = \sum_{j=1}^{n} e_j e_j'$ zerlegt werden. Durch Umformung der Identität

$$A = E + \sum_{j=1}^{n} A_{.j}e_j' - \sum_{j=1}^{n} e_j e_j'$$

erhält man für A die Darstellung

$$A = E + \sum_{j=1}^{n} u_j e_j' \quad \text{mit} \quad u_j = A_{.j} - e_j.$$

Der Aufbau von A erfolgt, ausgehend von $A^{(0)} = E$, in n Schritten

$$A^{(j)} = A^{(j-1)} + u_j e_j' \qquad j = 1(1)n,$$

wo $A^{(n)} = A$ ist. Die Zwischeninversen $(A^{(j)})^{-1} = R^{(j)}$ berechnen sich nach Formel (10) für die Spaltenänderung zu

$$R^{(j)} = \left[A^{(j-1)} + u_j e_j'\right]^{-1} = R^{(j-1)} - \frac{R^{(j-1)} u_j R_{j.}^{(j-1)}}{1 + R_{j.}^{(j-1)} u_j}, \quad j = 1\,(1)\,n. \tag{28}$$

$R^{(n)}$ ist dann die gesuchte Inverse A^{-1}.

Der beschriebene Prozeß kann allerdings versagen, wenn eine der Zwischenmatrizen $A^{(j)}$ singulär wird. Durch Vertauschung der j-ten Spalte $A_{.j}$ mit einer der restlichen n-j Spalten von A kann jedoch stets erreicht werden, daß die neue Zwischenmatrix nichtsingulär ist. Es gilt nämlich folgender Satz.

Satz 1: Die zu invertierende Matrix $A = (A_{.1}, A_{.2}, \ldots, A_{.n})$ und die (j-1)-te Zwischenmatrix

$$A^{(j-1)} = (A_{.1}, A_{.2}, \ldots, A_{.j-1}, e_j, e_{j+1}, \ldots, e_n) \qquad 2 \leqq j \leqq n$$

seien nichtsingulär. Dann läßt sich immer eine Spalte $A_{.k}$ mit $j \leqq k \leqq n$ finden, so daß die j-te Zwischenmatrix

$$A^{(j)}(k) = A^{(j-1)} + (A_{.k} - e_j)e_j'$$

ebenfalls nichtsingulär ist.

Beweis: Angenommen, alle Zwischenmatrizen $A^{(j)}(k)$, $k = j(1)n$, sind singulär, dann gilt nach (28)

$$1 + R_{j.}^{(j-1)}(A_{.k} - e_j) = 1 + R_{j.}^{(j-1)} A_{.k} - R_{jj}^{(j-1)} = 0 \quad \text{für} \quad k = j(1)n.$$

Nun ist der speziellen Gestalt von $R^{(j-1)}$ zufolge $R_{jj}^{(j-1)} = 1$, so daß

$$R_{j.}^{(j-1)} A_{.k} = 0 \quad \text{für} \quad k = j(1)n \tag{29}$$

gelten muß. Betrachtet man jetzt die j-te Zeile des Matrizenprodukts $R^{(j-1)} A$, d. h.

$$e_j' R^{(j-1)} A = e_j' R^{(j-1)} \left[A^{(j-1)} + \sum_{k=j}^{n} (A_{.k} - e_k) e_k' \right]$$

$$= e_j' \left[E + \sum_{k=j}^{n} R^{(j-1)} (A_{.k} - e_k) e_k' \right],$$

$$= e_j' + \sum_{k=j}^{n} \left[R_{j.}^{(j-1)} A_{.k} e_k' - R_{j.}^{(j-1)} e_k e_k' \right],$$

so ist der erste Summand in der eckigen Klammer wegen (29) gleich Null, und der zweite Summand liefert wegen

$$R_{j.}^{(j-1)} e_k = R_{jk}^{(j-1)} = \begin{cases} 1 & \text{für } j = k \\ 0 & \text{sonst} \end{cases}$$

nur den Beitrag e_j', so daß $e_j' R^{(j-1)} A = 0$ ist. Es gilt demnach $\det R^{(j-1)} A = 0$. Daraus folgt wegen $\det R^{(j-1)} \neq 0$ die Bedingung $\det A = 0$, im Widerspruch zur vorausgesetzten Nichtsingularität von A. Damit ist Satz 1 bewiesen.

Die Spaltenvertauschungen in A müssen durch entsprechende Zeilenvertauschungen in der berechneten Inversen wieder kompensiert werden. Dabei gilt

Satz 2: Bezeichnet man mit B eine Matrix, die aus einer nichtsingulären Matrix A durch Vertauschung der i-ten und j-ten Spalte hervorgeht, so ergibt sich A^{-1} durch Vertauschung der i-ten und j-ten Zeile von B^{-1}.

Beweis: T_{ij} sei eine sog. Tauschungsmatrix, d. h. eine Matrix, die aus der Einheitsmatrix durch Vertauschen der i-ten und j-ten Spalte (oder Zeile) hervorgeht. Dann ist die Vertauschung der i-ten und j-ten Spalte von A gleichbedeutend mit AT_{ij} und die Vertauschung der i-ten und j-ten Zeile gleichbedeutend mit $T_{ij}A$. Nach Voraussetzung ist $B = AT_{ij}$ und folglich $A^{-1} = T_{ij}B^{-1}$.

Der Vorteil des Ergänzungsverfahrens besteht darin, daß die Reihenfolge der abzuändernden Spalten (Zeilen) frei gewählt werden kann, z. B. so, daß eine möglichst geringe Fehlerfortpflanzung stattfindet. Das ist insbesondere bei der Inversion schlecht konditionierter Matrizen von Bedeutung. Allerdings scheint bis heute das „Idealverfahren" noch nicht gefunden zu sein.

Der Rechenaufwand beim Ergänzungsverfahren beträgt nicht, wie man zunächst annehmen könnte, das n-fache einer Spalten- oder Zeilenänderung, d. h. $n(2n^2 + n)$ Multiplikationen, sondern nur $n^3 + n^2$, da die Inversen $R^{(j)}$ im Mittel etwa zur Hälfte aus Nullen bestehen. Damit gehört das Ergänzungsverfahren zu den Inversionsmethoden mit dem geringsten Rechenaufwand.

Bibliographische Zusatzbemerkungen zum Ergänzungsverfahren

Die erste kurze Mitteilung über das Ergänzungsverfahren und seine praktische Anwendung auf Rechenautomaten stammt wohl 1951 von SHERMAN, veröffentlicht 1953 in [78]. Er geht von der Einheitsmatrix aus und führt n Spaltenänderungen durch.

Ein zeilenweise arbeitendes Ergänzungsverfahren mit vollständigem Algorithmus, der überflüssige Nulloperationen vermeidet und deshalb nur $n^3 + 0(n^2)$ Multiplikationen verbraucht, wurde 1955 von JERSCHOW [49], siehe auch [34] S. 216 ff., angegeben. Der Fall, daß Zwischenmatrizen singulär werden können, wurde allerdings nicht berücksichtigt.

Das Ergänzungsverfahren wurde 1955 [11], 1956 [11], [13] und 1959 [13] (2. Aufl.) auch von BODEWIG beschrieben. Er charakterisiert es als beste Inversionsmethode, die eine bessere Stabilität als die Eliminationsmethode zu haben scheint und auch für Matrizen schlechter Kondition geeignet ist. Da aber auch BODEWIG Spalten- oder Zeilenvertauschungen nicht vorsieht, ist auch bei seinem Algorithmus weder eine gute Stabilität noch die allgemeine Gültigkeit überhaupt gesichert.

Ein Ergänzungsverfahren, daß besonders bei symmetrischen Matrizen Vorteile bringen soll, wurde 1959 von WILF [90], [91], [92] entwickelt. Die zu invertierende Matrix wird, ausgehend von der Einheitsmatrix, ebenfalls in n Schritten aufgebaut, wobei jeweils eine Spalte und die dazu symmetrisch gelegene Zeile der Dimension n, n-1, . . . , 2 erzeugt werden. Der letzte Schritt besteht in der Änderung eines Elementes. Im Gegensatz zu den bisher erwähnten Verfahren wird bei der WILFschen Methode jedes Element der Anfangsmatrix mit Ausnahme der Elemente der ersten Spalte und Zeile mehrmals geändert, so daß ein relativ hoher Rechenaufwand von etwa $\frac{7}{3} n^3$ Multiplikationen entsteht. Bei symmetrischen Matrizen halbiert sich der Rechenaufwand etwa, er bleibt aber damit immer noch größer als beim GAUSSschen Eliminationsverfahren für beliebige Matrizen. Bei singulären Zwischenmatrizen versagt das Verfahren.

Zur Vermeidung der Fehlerfortpflanzung bei der Inversion großer Matrizen empfahl KLINGST 1960 [52] und 1961 [53] ein Ergänzungsverfahren, das die zu invertierende Matrix von der Hauptdiagonale ausgehend elementweise aufbaut. Die Reihenfolge der zu ändernden Elemente wird nach einem Auswahlkriterium festgelegt, welches den bei der Rechnung entstehenden Fehler möglichst klein halten soll. Abgesehen davon, daß der Rechenaufwand sehr hoch ist, nämlich bei vollbesetzten Matrizen etwa n^4 Multiplikationen, kann das Verfahren trotz der Auswahlstrategie über fast singuläre Zwischenmatrizen führen und damit zusätzliche Fehler einschleppen oder sogar zusammenbrechen, wie DÜCK [24] an einfachen Beispielen zeigte. Versagen des Verfahrens ist dann möglich, wenn mehrere der zu ändernden Elemente einer Spalte oder einer Zeile angehören. Wie aus Satz 1 ersichtlich, darf nicht geschlußfolgert werden (wie es in [24] getan wurde), daß auch das spalten- oder zeilenweise arbeitende Ergänzungsverfahren versagen kann. KLINGST schlägt weiter vor, die nach Formel (12) gebildeten Zwischeninversen, wenn nötig, mit dem SCHULZschen Iterationsverfahren [75] zu verbessern. Die Erfahrungen haben jedoch gezeigt, daß eine wesentliche Genauigkeitssteigerung nur erzielt werden kann, wenn die SCHULZsche Iterationsformel mit doppelter Genauigkeit angewandt wird. Da der Rechenaufwand für einen Iterationsschritt aber außerdem im allgemeinen $2n^3$ Multiplikationen beträgt, also doppelt soviel wie bei einer vollständigen Inversion, ist die Anwendbarkeit der Methode hier sehr fragwürdig.

Eine interessante Variante des Ergänzungsverfahrens, die auch für schlecht konditionierte Matrizen geeignet sein soll, wurde 1960 von WALTMANN [86] vorgeschlagen. Die zu invertierende Matrix wird geeignet normiert und aus der Einheitsmatrix spaltenweise aufgebaut, wobei durch Multiplikation der Änderungsspalte mit einem passend gewählten Skalar die Determinante jeder Zwischenmatrix den Wert 1 oder -1 annimmt. Auf diese Weise werden singuläre oder nahezu singuläre Zwischenmatrizen vermieden. Aus der berechneten Inversen erhält man die gesuchte Inverse durch Multiplikation mit einer Diagonalmatrix. Da das Verfahren aber bei der Berechnung der Skalare versagen kann, empfiehlt WALTMANN in solchen Fällen die vorübergehende Abänderung zusätzlicher Elemente.

Verschiedene Abänderungsmethoden zur Matrizeninversion wurden 1964 von DÜCK [22] untersucht. Zur Vermeidung singulärer Zwischenmatrizen beim Ergänzungsverfahren führt er künstliche Abänderungen einzelner Elemente nach der SHERMAN-MORRISON-Formel (12) ein. Nach der Inversion müssen diese Abänderungen wieder rückgängig gemacht werden. Gemäß Satz 1 bedeutet dieses Vorgehen allerdings einen ungerechtfertigt erscheinenden zusätzlichen Aufwand.

In den letzten Jahren wurde das Ergänzungsverfahren mehrfach erneut hergeleitet oder beschrieben. Es wurden aber keine neuen Erkenntnisse in der Theorie des Verfahrens oder bezüglich seiner Stabilität gewonnen. Es standen vielmehr Fragen des Speicherbedarfs: EDELBLUTE 1966 [31], und der Anwendung: KLEIN 1964 [51]: Lösung unendlicher linearer Gleichungssysteme, WOROBEWA und MEDWEDEW 1967 [95]: Statistik, im Vordergrund.

2.10 Neue Herleitung des SCHULZschen Iterationsverfahrens

Aus einer der Änderungsformeln, z. B.

$$A^{-1} = (B + UV')^{-1} = B^{-1} - B^{-1}U(E + V'B^{-1}U)^{-1}V'B^{-1} \qquad (5)$$

läßt sich leicht die bekannte Iterationsformel von SCHULZ gewinnen. Für $U = C$ und $V = E$ erhält man nämlich die einfachere Identität

$$(B + C)^{-1} = B^{-1} - B^{-1}C(E + B^{-1}C)^{-1}B^{-1}, \qquad (30)$$

in der bei hinreichend kleiner Korrekturmatrix C der Term $B^{-1}C$ gegenüber E vernachlässigt werden kann, so daß für die Inversen der beiden benachbarten Matrizen A und B die Näherungsbeziehung

$$A^{-1} \approx B^{-1} - B^{-1}CB^{-1}$$

gilt. Hieraus erhält man wegen $C = A - B$

$$A^{-1} \approx B^{-1}(2E - AB^{-1}). \tag{31}$$

Diese Formel gestattet es, A^{-1} näherungsweise zu berechnen, wenn B^{-1} bekannt ist und wenn sich A und B im Sinne irgendeiner Matrizennorm hinreichend wenig unterscheiden, genauer, wenn $\| C \| \cdot \| B^{-1} \| < 1$ ist (vgl. z. B. [48]). Durch wiederholte Anwendung von (31) kann A^{-1} weiter verbessert werden. Bezeichnet man die angenäherte Inverse nach dem i-ten Schritt mit X_i, so ergibt sich aus (31) die Iterationsvorschrift

$$\boxed{X_{i+1} = X_i(2E - AX_i)} \qquad X_o = B^{-1}. \tag{32}$$

Das ist aber gerade die von SCHULZ 1933 [75] auf anderem Wege gefundene Iterationsformel, die 1943 auch von HOTELLING [45], S. 14–16, angegeben wurde und häufig nach ihm oder nach BODEWIG oder auch nach beiden benannt wurde. Letzterer gab 1948 [9], S. 53–57, eine ausführliche Diskussion der Formel, die bei ihm nur den quadratisch konvergenten Spezialfall einer allgemeineren Iterationsformel vom Konvergenzgrad p darstellt.

Jeder Iterationsschritt nach SCHULZ kostet zwei Matrizenmultiplikationen, d. h. bei vollbesetzten Matrizen $2n^3$ skalare Multiplikationen. Zur Verbesserung der Zwischeninversen $[A^{(j)}]^{-1}$ beim Ergänzungsverfahren ist der Rechenaufwand geringer. $A^{(j)}$ hat nämlich die Gestalt

$$A^{(j)} = \left(\begin{array}{c|c} P(j,j) & O(j,n\text{-}j) \\ \hline R(n\text{-}j,j) & E(n\text{-}j,n\text{-}j) \end{array}\right),$$

wo P und R Blöcke von A darstellen, 0 eine Nullmatrix mit j Zeilen und n-j Spalten und E die Einheitsmatrix (n-j)-ter Ordnung bedeutet. Beide Matrizenprodukte in (32) haben dieselbe Form wie $A^{(j)}$, so daß der Gesamtaufwand für eine SCHULZ-Iteration zur Verbesserung von $[A^{(j)}]^{-1}$ $2nj^2$ Multiplikationen beträgt.

3. Die Ränderungsmethode

3.1 Allgemeine Ränderungsformeln

$A = A(n, n)$ und $P = P(m, m)$ seien quadratische nichtsinguläre Matrizen der Ordnung n bzw. m ($n > m$). A soll wie folgt in vier Untermatrizen zerlegbar sein

$$A = \left(\begin{array}{c|c} P & Q \\ \hline R & S \end{array}\right),$$

wo $Q = Q(m, n\text{-}m)$, $R = R(n\text{-}m, m)$, $S = S(n\text{-}m, n\text{-}m)$ beliebige Matrizen mit den in Klammern angegebenen Zeilen- und Spaltenzahlen sind. A kann auch aufgefaßt werden als Ergebnis einer Ränderung von P. Die Inverse P^{-1} sei bekannt. A^{-1} soll unter Verwendung von P^{-1} berechnet werden.

Zur Herleitung einer Beziehung zwischen A^{-1} und P^{-1}, Q, R, S kann die Änderungsformel (5)

$$A^{-1} = (B + UV')^{-1} = B^{-1} - B^{-1}U(E + V'B^{-1}U)^{-1}V'B^{-1} \tag{5}$$

dienen. Dazu ist es nötig, A als Summe darzustellen, z. B.

$$A = \left(\begin{array}{c|c} P & \\ \hline & S \end{array}\right) + \left(\begin{array}{c|c} & Q \\ \hline & \end{array}\right) + \left(\begin{array}{c|c} & \\ \hline R & \end{array}\right) = B + U_1V_1' + U_2V_2'. \tag{33}$$

Dabei bedeuten die freien Plätze Nullmatrizen. Zur Berechnung von A^{-1} muß die Änderungsformel (5) zweimal angewendet werden, nämlich

1. Berechnung von $B_1^{-1} = (B + U_1V_1')^{-1}$,
2. Berechnung von $A^{-1} = (B_1 + U_2V_2')^{-1}$.

Nach (33) ergibt sich $B = \left(\begin{array}{c|c} P & \\ \hline & S \end{array}\right)$ und mit der Abkürzung $k = n\text{-}m$

$$U_1 = \begin{pmatrix} Q(m,k) \\ 0(k,k) \end{pmatrix}, \quad V_1 = \begin{pmatrix} 0(m,k) \\ E(k,k) \end{pmatrix}, \quad U_2 = \begin{pmatrix} 0(m,k) \\ E(k,k) \end{pmatrix}, \quad V_2 = \begin{pmatrix} R(m,k) \\ 0(k,k) \end{pmatrix}.$$

Darin bedeuten 0 Nullmatrizen und E Einheitsmatrizen.

Erster Änderungsschritt: nach (5) ist

$$B_1^{-1} = (B + U_1V_1')^{-1} = B^{-1} - B^{-1}U_1(E_k + V_1'B^{-1}U_1)^{-1}V_1'B^{-1}.$$

Wegen $V_1'B^{-1}U_1 = 0$ folgt hieraus $B_1^{-1} = B^{-1} - B^{-1}U_1V_1'B^{-1}$, oder als Blockmatrix geschrieben

$$B_1^{-1} = \left(\begin{array}{c|c} P^{-1} & -P^{-1}QS^{-1} \\ \hline 0 & S^{-1} \end{array}\right).$$

Für diesen Zwischenschritt muß S als nichtsingulär vorausgesetzt werden. Diese Voraussetzung kann jedoch, wie aus der Endformel (35) ersichtlich, wieder fallengelassen werden.

Zweiter Änderungsschritt: nach (5) ist

$$A^{-1} = (B_1 + U_2V_2')^{-1} = B_1^{-1} - B_1^{-1}U_2(E_k + V_2'B_1^{-1}U_2)^{-1}V_2'B_1^{-1},$$

oder ausführlicher geschrieben

$$A^{-1} = B_1^{-1} - \left(\begin{array}{c} -P^{-1}QS^{-1} \\ \hline S^{-1} \end{array}\right)(E_k - RP^{-1}QS^{-1})^{-1}(RP^{-1}, -RP^{-1}QS^{-1}) \quad . \qquad (34)$$

Beim Ausmultiplizieren des zweiten Summanden ergibt sich der Term $S^{-1}(E_k - RP^{-1}QS^{-1})^{-1} = (S - RP^{-1}Q)^{-1}$, für den zur Abkürzung S_1^{-1} gesetzt werden soll. Weiterhin tritt der Term $S^{-1} + (S - RP^{-1}Q)^{-1}RP^{-1}QS^{-1}$ auf, der gerade $(S - RP^{-1}Q)^{-1} = S_1^{-1}$ ergibt, wie man leicht erkennt, wenn man ihn von links mit $S - RP^{-1}Q$ multipliziert und E erhält. Aus (34) und der weiter oben angegebenen Matrix B_1^{-1} folgt damit endgültig die *allgemeine Ränderungsformel*

$$A^{-1} = \left(\begin{array}{c|c} P & Q \\ \hline R & S \end{array}\right)^{-1} = \left(\begin{array}{c|c} P^{-1} + P^{-1}QS_1^{-1}RP^{-1} & -P^{-1}QS_1^{-1} \\ \hline -S_1^{-1}RP^{-1} & S_1^{-1} \end{array}\right) \qquad (35)$$

mit $S_1 = S - RP^{-1}Q$. Sie kann auch in der Form

$$A^{-1} = \left(\begin{array}{c|c} P & Q \\ \hline R & S \end{array}\right)^{-1} = \left(\begin{array}{c|c} P^{-1} & 0 \\ \hline 0 & 0 \end{array}\right) + \left(\begin{array}{c} P^{-1}Q \\ \hline -E_k \end{array}\right)(S_1^{-1}RP^{-1}, -S_1^{-1}) \qquad (36)$$

geschrieben werden. Der zweite Summand stellt die Korrektur dar, die an P^{-1} anzubringen ist, um die Inverse der zu P benachbarten Matrix A zu erhalten.

Stellt man die Inverse A^{-1} ebenfalls als Blockmatrix dar

$$A^{-1} = \left(\begin{array}{c|c} W & X \\ \hline Y & Z \end{array}\right),$$

so geschieht die Berechnung der einzelnen Blöcke zweckmäßigerweise z. B. in der Reihenfolge

$$\begin{aligned} T = P^{-1}Q, \quad & Z = (S - RT)^{-1} = S_1^{-1}, \\ & Y = -ZRP^{-1}, \\ & X = -TZ, \\ & W = P^{-1} - TY. \end{aligned} \tag{37}$$

Es ist noch zu beweisen, daß mit A und P auch die Matrix $S_1 = S - RP^{-1}Q$ nichtsingulär ist. Dazu stellt man die Matrix A als Produkt zweier Blockdreiecksmatrizen dar

$$A = \begin{pmatrix} P & Q \\ R & S \end{pmatrix} = \begin{pmatrix} P & 0 \\ R & E \end{pmatrix} \begin{pmatrix} E & P^{-1}Q \\ 0 & S - RP^{-1}Q \end{pmatrix}. \tag{38}$$

Geht man zu Determinanten über, so ergibt sich

$$\det A = \det P \cdot \det(S - RP^{-1}Q). \tag{39}$$

Hieraus folgt $\det S_1 \neq 0$.

Eine zu (35) analoge Ränderungsformel, in der nicht mehr P^{-1}, sondern S^{-1} als bekannt (und existierend) vorausgesetzt wird, erhält man durch Vertauschung von P und S bzw. R und Q auf der rechten Seite von (35) und Spiegelung der Untermatrizen an den Diagonalen. Das folgt aus der Tatsache, daß die beiden Gleichungen

$$\begin{pmatrix} P & Q \\ R & S \end{pmatrix}^{-1} = \begin{pmatrix} W & X \\ Y & Z \end{pmatrix} \text{ und } \begin{pmatrix} S & R \\ Q & P \end{pmatrix}^{-1} = \begin{pmatrix} Z & Y \\ X & W \end{pmatrix}$$

äquivalent sind. Die alternative Form von (35) lautet also

$$\boxed{A^{-1} = \left(\begin{array}{c|c} P & Q \\ \hline R & S \end{array}\right)^{-1} = \left(\begin{array}{c|c} P_1^{-1} & -P_1^{-1}QS^{-1} \\ \hline -S^{-1}RP_1^{-1} & S^{-1} + S^{-1}RP_1^{-1}QS^{-1} \end{array}\right)} \tag{40}$$

mit $P_1 = P - QS^{-1}R$. (40) kann auch in der Form

$$A^{-1} = \left(\begin{array}{c|c} P & Q \\ \hline R & S \end{array}\right)^{-1} = \left(\begin{array}{c|c} 0 & 0 \\ \hline 0 & S^{-1} \end{array}\right) + \left(\begin{array}{c} P_1^{-1} \\ \hline -S^{-1}RP_1^{-1} \end{array}\right)(E_m, -QS^{-1}) \tag{41}$$

geschrieben werden. Die Berechnung der einzelnen Blöcke von

$A^{-1} = \begin{pmatrix} W & X \\ Y & Z \end{pmatrix}$ geschieht in der Reihenfolge

$$\begin{aligned} T_1 = S^{-1}R, \qquad & W = P - QT_1)^{-1} = P_1^{-1}, \\ & X = -WQS^{-1}, \\ & Y = -T_1 W, \\ & Z = S^{-1} - T_1 X. \end{aligned} \tag{42}$$

Durch Vergleich der beiden äquivalenten Ränderungsformeln (35) und (40) kann man direkt eine der allgemeinen Änderungsformeln ablesen. Betrachtet man nämlich in beiden Darstellungen die Untermatrix W (oben links), so ergibt sich

$$P_1^{-1} = (P = QS^{-1}R)^{-1} = P^{-1} + P^{-1}Q(S - RP^{-1}Q)^{-1}RP^{-1}.$$

Diese Identität, die der DUNCANschen Formel (8d) entspricht, geht für $S = -E$ in die Änderungsformel (5) über, von der zu Beginn dieses Abschnittes ausgegangen wurde. Zu demselben Ergebnis gelangt man, wenn in (35) und (40) die Untermatrix Z (unten rechts) betrachtet wird.

Durch die Ränderungsformeln (35) und (40), die in der Literatur bisher nach FROBENIUS – SCHUR benannt wurden (vgl. Abschn. 3.5 Bibliographische Bemerkungen), wird die Inversion einer Matrix n-ter Ordnung auf die Inversion zweier Matrizen niedrigerer Ordnung, nämlich der Ordnungen m und n-m, zurückgeführt. Formel (35) empfiehlt sich, wenn P^{-1} bekannt (oder leicht berechenbar) ist, Formel (40) leistet dasselbe entsprechend für S^{-1}.

Der Fall, daß eine Matrix A invertiert werden soll, in der sich die bereits invertierte Matrix P (oder S) nicht schon in dem linken oberen (oder rechten unteren) Feld befindet, kann durch Spalten- und/oder Zeilentausch leicht auf einen der beiden Standardfälle (35) oder (40) zurückgeführt werden. Die gesuchte Inverse erhält man dann durch Rücktransformation gemäß Satz 2 (Abschn. 2.8). Insbesondere können alle möglichen Fälle der Erweiterung einer Matrix mittels Hinzufügen oder Einschieben von Spalten und Zeilen stets durch wiederholte Anwendung der einfachen Ränderung einer Spalte oder Zeile gelöst werden. Dieser Spezialfall soll im folgenden Abschnitt betrachtet werden.

3.2 Ränderung einer Spalte und Zeile

1. $m = n - 1$:

Als Inverse der Matrix $A = \left(\begin{array}{c|c} P & q \\ \hline r' & s \end{array}\right)$, in der q und r nunmehr Spaltenvektoren sind und s ein Skalar ist, ergibt sich nach (35)

$$A^{-1} = \left(\begin{array}{c|c} W & x \\ \hline y' & z \end{array}\right) = \left(\begin{array}{c|c} P^{-1} + \frac{1}{s_1} P^{-1} q r' P^{-1} & -\frac{1}{s_1} P^{-1} q \\ \hline -\frac{1}{s_1} r' P^{-1} & \frac{1}{s_1} \end{array}\right) \tag{43}$$

mit $s_1 = s - r'P^{-1}q$ oder nach (36)

$$A^{-1} = \left(\begin{array}{c|c} P^{-1} & 0 \\ \hline 0 & 0 \end{array}\right) + \frac{1}{s_1} \left(\begin{array}{c} P^{-1}q \\ \hline -1 \end{array}\right) (r'P^{-1}, -1) . \tag{44}$$

Die Formeln (37) vereinfachen sich zu

$$\begin{aligned} t = P^{-1}q, \qquad & z = \frac{1}{s - r't} = \frac{1}{s_1}, \\ & y' = -zr'P^{-1}, \\ & x = -zt, \\ & W = P^{-1} - ty'. \end{aligned} \tag{45}$$

2. *m = 1:*

Analoge Formeln ergeben sich, wenn S^{-1} bekannt ist und links oben gerändert wird. Die Inverse der Matrix

$$A = \left(\begin{array}{c|c} p & q' \\ \hline r & S \end{array}\right)$$

hat dann gemäß (40) die Gestalt

$$A^{-1} = \left(\begin{array}{c|c} w & x' \\ \hline y & Z \end{array}\right) = \left(\begin{array}{c|c} \frac{1}{p_1} & -\frac{1}{p_1} q'S^{-1} \\ \hline -\frac{1}{p_1} S^{-1}r & S^{-1} + \frac{1}{p_1} S^{-1} r q' S^{-1} \end{array}\right) \tag{46}$$

mit $p_1 = p - q'S^{-1}r$. Aus (41) folgt

$$A^{-1} = \left(\begin{array}{c|c} 0 & 0 \\ \hline 0 & S^{-1} \end{array}\right) + \frac{1}{p_1} \left(\begin{array}{c} 1 \\ \hline -S^{-1}r \end{array}\right) (1, -q'S^{-1}) \tag{47}$$

und aus (42)

$$t_1 = S^{-1} r, \qquad w = \frac{1}{p - q' t_1} = \frac{1}{p_1},$$
$$x' = - w q' S^{-1},$$
$$y = - w t_1, \tag{48}$$
$$Z = S^{-1} - t_1 x'.$$

3.3 Ränderung bei speziellen Matrizen

Bei speziellen Matrizen nehmen auch die Ränderungsformeln einfachere Gestalt an. Die folgenden Untersuchungen beschränken sich auf symmetrische Matrizen und Bandmatrizen, insbesondere Dreidiagonalmatrizen.

a) Symmetrische Matrizen

Ist die zu invertierende Matrix $A = \begin{pmatrix} P & Q \\ R & S \end{pmatrix}$ symmetrisch, so gilt $P = P'$, $S = S'$, $R = Q'$. Dann vereinfacht sich die Ränderungsformel (35) wegen $T = P^{-1} Q = (RP^{-1})'$ zu

$$A^{-1} = \left(\begin{array}{c|c} P & Q \\ \hline Q' & S \end{array}\right)^{-1} = \left(\begin{array}{c|c} P^{-1} + TS_1^{-1}T' & -TS_1^{-1} \\ \hline -S_1^{-1}T' & S_1^{-1} \end{array}\right) = \left(\begin{array}{c|c} W & X \\ \hline X' & Z \end{array}\right) \tag{49}$$

mit $S_1 = S - T'Q$. Die Symmetrie von A^{-1} ist wegen $S_1 = S_1'$ offenbar. Die Berechnung von A^{-1} wird zweckmäßigerweise wie folgt vorgenommen

$$T = P^{-1} Q, \qquad Z = (S - T'Q)^{-1} = S_1^{-1},$$
$$X = - TZ, \tag{50}$$
$$W = P^{-1} - XT'.$$

Da die quadratischen Matrizen Z und W symmetrisch sind, reduziert sich ihre Berechnung auf die Berechnung je einer Dreiecksmatrix.

Im Fall der einfachen symmetrischen Ränderung einer Spalte und Zeile ergibt sich aus (49)

$$A^{-1} = \left(\begin{array}{c|c} P & q \\ \hline q' & s \end{array}\right)^{-1} = \left(\begin{array}{c|c} P^{-1} + \frac{1}{s_1} tt' & -\frac{1}{s_1} t \\ \hline -\frac{1}{s_1} t' & \frac{1}{s_1} \end{array}\right) = \left(\begin{array}{c|c} W & x \\ \hline x' & z \end{array}\right) \tag{51}$$

mit $t = P^{-1}q$, $s_1 = s - t'q$. Die Berechnung von A^{-1} geschieht in der Reihenfolge

$$\begin{aligned} t = P^{-1}q, \qquad & z = \frac{1}{s - t'q} = \frac{1}{s_1}, \\ & x = -zt, \\ & W = P^{-1} - xt'. \end{aligned} \tag{52}$$

Die symmetrischen Formeln für den zu (49) alternativen Fall, daß anstatt P^{-1} die Matrix S^{-1} bekannt ist, lassen sich auf gleiche Weise leicht aus (40) herleiten.

b) Bandmatrizen

Bei der näherungsweisen Lösung physikalisch-technischer Probleme wird man häufig auf die Inversion von Bandmatrizen geführt, d. h. Matrizen, deren von Null verschiedene Elemente sich in der Hauptdiagonale und einigen wenigen Parallelen dazu befinden. Für eine Bandmatrix $A = (a_{ij})$ der Bandbreite b (Anzahl der Sub- oder Superdiagonalen) gilt

$$a_{ij} = 0 \quad \text{für} \quad |i - j| > b.$$

Für b = 1 erhält man den bekannten Spezialfall der Dreidiagonalmatrix.

Bei der Inversion geränderter Bandmatrizen ergeben sich wegen des Auftretens vieler Nullen Vereinfachungen. Bei der Ränderung einer Spalte und Zeile können prinzipiell die Formeln (43) bis (45) verwendet werden. In den Spaltenvektoren r und q sind von den n-1 Elementen nur b von Null verschieden. Dies wurde in der ALGOL-Prozedur BANDBORD (Abschn. 3.7) berücksichtigt. Der verringerte Rechenaufwand ist aus Abschn. 3.6 ersichtlich.

Bei Dreidiagonalmatrizen vereinfachen sich auch die Formeln. Die zu invertierende Matrix A hat die Gestalt

$$A = \left(\begin{array}{c|c} P & q \\ \hline r' & s \end{array}\right) = \left(\begin{array}{ccccc|c} x & x & & & & \\ x & x & x & & & \\ & & \cdots & & & \\ & & x & x & x & \\ & & & x & x & x \\ \hline & & & & x & x \end{array}\right),$$

wo die x von Null verschiedene Elemente sein können. Für die (n-1)-dimensionalen Vektoren $r' = (0, \ldots, 0, r_{n-1})$ und $q = (0, \ldots, 0, q_{n-1})'$ gilt dann $r' = r_{n-1}e'_{n-1}$ und $q = q_{n-1}e_{n-1}$. Aus (43) folgt unter Berücksichtigung von

$$P^{-1}q = q_{n-1}P^{-1}e_{n-1} = q_{n-1}P^{-1}_{.n-1}, \qquad r'P^{-1} = r_{n-1}e'_{n-1}P^{-1} = r_{n-1}P^{-1}_{n-1.}$$

für die Dreidiagonalmatrix A

$$A^{-1} = \left(\begin{array}{c|c} W & x \\ \hline y' & z \end{array}\right) = \left(\begin{array}{c|c} P^{-1} + \frac{q_{n-1} r_{n-1}}{s_1} P^{-1}_{.n-1} P^{-1}_{n-1.} & -\frac{q_{n-1}}{s_1} P^{-1}_{.n-1} \\ \hline -\frac{r_{n-1}}{s_1} P^{-1}_{n-1.} & \frac{1}{s_1} \end{array}\right) \tag{53}$$

oder

$$A^{-1} = \left(\begin{array}{c|c} P^{-1} & 0 \\ \hline 0 & 0 \end{array}\right) + \frac{1}{s_1} \left(\begin{array}{c} q_{n-1} P^{-1}_{.n-1} \\ \hline -1 \end{array}\right) (r_{n-1} P^{-1}_{n-1.}, \ -1) \tag{54}$$

mit $s_1 = s - r_{n-1} q_{n-1} P^{-1}_{n-1,\, n-1}$. Die Berechnung geschieht in der Reihenfolge

$$\begin{aligned} t = q_{n-1} P^{-1}_{.n-1}, \quad & z = 1/(s - r_{n-1} q_{n-1} P^{-1}_{n-1,n-1}) = \frac{1}{s_1}, \\ & y' = -z r_{n-1} P^{-1}_{n-1.}, \\ & x = -zt, \\ & W = P^{-1} - ty'. \end{aligned} \tag{55}$$

Interessant ist, daß für den Korrekturteil (zweiter Summand in (54)) von der bekannten Inversen P^{-1} nur die letzte Spalte und Zeile benötigt werden. Bei symmetrischen Bandmatrizen verringert sich der Rechenaufwand etwa auf die Hälfte.

3.4 Ränderung bei linearen Gleichungssystemen

Zu lösen ist das lineare Gleichungssystem n-ter Ordnung

$$Az = b, \tag{56}$$

das aus dem bereits gelösten System m-ter Ordnung

$$Px = w \tag{57}$$

durch Ränderung, d. h. durch Hinzunahme von $k = n - m$ Gleichungen und Unbekannten entstanden ist. Mit der Zerlegung

$$A = \begin{pmatrix} P & Q \\ R & S \end{pmatrix}, \quad z = \begin{pmatrix} x \\ y \end{pmatrix}, \quad b = \begin{pmatrix} c \\ d \end{pmatrix}$$

schreibt sich (56) in der Form

$$\begin{aligned} Px + Qy &= c, \\ Rx + Sy &= d. \end{aligned}$$

Die Lösung $z = A^{-1}b$ kann unter Verwendung der Ränderungsformel (35) formal sofort hingeschrieben werden

$$\begin{pmatrix} x \\ y \end{pmatrix} = \begin{pmatrix} P^{-1} + P^{-1}QS_1^{-1}RP^{-1} & -P^{-1}QS_1^{-1} \\ -S_1^{-1}RP^{-1} & S_1^{-1} \end{pmatrix} \begin{pmatrix} c \\ d \end{pmatrix} \tag{58}$$

mit $S_1 = S - RP^{-1}Q$. Für die Lösungskomponenten x und y ergibt sich daraus

$$\boxed{\begin{aligned} S_1 y &= d - RP^{-1}c, \\ x &= P^{-1}c - P^{-1}Qy, \end{aligned}} \tag{59}$$

wobei y durch Auflösung der ersten Gleichung zu bestimmen ist. Die Berechnung von S_1^{-1} ist also nicht nötig.

Die Gleichungen (59) sind zur Lösung eines linearen Gleichungssystems nur zweckmäßig, wenn P^{-1} bekannt ist. In diesem Fall verringert sich der Rechenaufwand gegenüber den üblichen Verfahren (z. B. GAUSS-Elimination) genau um den Aufwand zur Lösung eines Systems der Ordnung m. Die Anzahl der Multiplikationen beträgt demnach für große n und m: $(n^3 - m^3)/3$. Die Berechnung gemäß (59) geschieht am besten in der Reihenfolge

$$\begin{aligned} T &= P^{-1}Q, & v &= d - Ru, \\ S_1 &= S - RT, & y &\text{ aus } S_1 y = v, \\ u &= P^{-1}c, & x &= u - Ty. \end{aligned} \tag{60}$$

Die Verwendung von (58) bei bekanntem P^{-1} zur Lösung von linearen Gleichungssystemen entspricht dem Vorgehen von BOLTZ 1923 [14] zum Ausgleich geodätischer Netze.

Auf die explizite Angabe von P^{-1} kann verzichtet werden, wenn die Reduktionsdaten des Ausgangssystems (57) bekannt sind. Besonders einfach gestaltet sich der Fall m = n-1, d.h., wenn das Ausgangssystem nur um eine Gleichung und eine Unbekannte erweitert wird. Die Lösung des einfach geränderten Systems

$$\begin{pmatrix} P & q \\ r & s \end{pmatrix} \begin{pmatrix} x \\ y \end{pmatrix} = \begin{pmatrix} c \\ d \end{pmatrix}, \tag{61}$$

in dem s, y und d nunmehr Skalare sind, lautet dann nach (59)

$$\begin{aligned} y &= \frac{1}{s_1}(d - rP^{-1}c), \\ x &= P^{-1}c - P^{-1}qy \end{aligned}$$

mit $s_1 = s - rP^{-1}q$. Nun ist aber $P^{-1}q = t$ Lösung des Gleichungssystems $Pt = q$, und ebenso ist $P^{-1}c = u$ Lösung von $Pu = c$. Beide Gleichungssysteme unterscheiden sich von dem bereits gelösten Ausgangssystem (57) nur in den rechten Seiten. Um die Lösungen t und u zu bekommen, braucht man also nur diejenige Transformation auf die rechten Seiten q und c anzuwenden, die bei der Auflösung von (57) auf w angewandt wurde, und anschließend das Dreiecksystem zu lösen. Die dazu notwendigen Daten, beim GAUSSschen Algorithmus also die Koeffizienten des Dreiecksystems und die Reduktionsquotienten, wurden als bekannt vorausgesetzt. Die Lösung von (61) schreibt sich dann in der einfachen Form

$$\boxed{\begin{aligned} y &= \frac{d - ru}{s - rt}, \\ x &= u - yt. \end{aligned}} \tag{62}$$

Da die Berechnung von t und u nur jeweils m^2 Multiplikationen kostet, beträgt die Anzahl der multiplikativen Operationen in (62) $2n^2 - n$ gegenüber $\frac{1}{3}n^3 + n^2 - \frac{1}{3}n$, wenn das System (61) neu gelöst werden müßte, d. h., die Ränderungsmethode ist stets günstiger.

Das Verfahren kann auch zur Lösung linearer Gleichungssysteme benutzt werden, von denen die Lösung eines Untersystems nicht bekannt ist. Es werden durch einfache Ränderungen schrittweise $n - 1$ Systeme der Ordnungen $2, 3, \ldots, n$ gelöst (vgl. [93]). Der Rechenaufwand ist etwa der gleiche wie beim GAUSSschen Algorithmus.

3.5 Bibliographische Bemerkungen

Die allgemeine Ränderungsformel (35) oder (40) wird in der neueren Literatur auf Grund der in mehreren Arbeiten BODEWIGs [10] 1947, [9] Teil I und II 1947, [12] 1956, [13] 1956 S. 189, 1959 S. 217–218 enthaltenen bibliographischen Angaben meist nach FROBENIUS und SCHUR benannt. Hierzu scheint aber eine Klarstellung nötig zu sein. BODEWIG schreibt nämlich in [12], S. 20, selbst: „Diese elegante Formel hatte ich in einer früheren Arbeit ([10]) SCHUR zugeschrieben, da er sie anscheinend zuerst veröffentlicht hat (Crelle's Journal, 1917). Über die dauernden Neuentdeckungen berichtete ich ebenfalls dort. Später teilte mir Herr AITKEN mit, ein ihm bekannter deutscher Mathematiker behaupte, sie stamme von FROBENIUS; eine Literaturquelle konnte er nicht angeben. Da die Behauptung aber immerhin sehr wahrscheinlich richtig ist, nenne ich sie von jetzt an vorläufig nach beiden Autoren." In der Tat konnte in FROBENIUS' Arbeiten weder die Ränderungsformel selbst, noch eine verwandte Thematik entdeckt werden. SCHUR hat aber die Ränderungsformel explizit auch nicht angegeben. Er verwendete 1917 in [76], S. 216–217, zum Nachweis einer Determinantenbeziehung eine der Gleichung (38) äquivalente Relation

$$\begin{pmatrix} P^{-1} & 0 \\ -RP^{-1} & E \end{pmatrix} \begin{pmatrix} P & Q \\ R & S \end{pmatrix} = \begin{pmatrix} E & P^{-1}Q \\ 0 & S-RP^{-1}Q \end{pmatrix} \tag{63}$$

(oder kurz BA = C). Aus (63) kann die Ränderungsformel leicht gefolgert werden, denn für die gesuchte Inverse A^{-1} gilt $A^{-1} = C^{-1}B$, und C läßt sich als Blockdreiecksmatrix sehr einfach invertieren.

Die inhaltlich vollständige Ränderungsformel (vgl. Abschn. 3.4) wurde 1923 von dem Geodäten BOLTZ [14] bei der Lösung geodätischer Normalgleichungen gefunden, siehe auch [9] Teil II, S. 1104–1105 und [12]. Er benutzte aber weder die Matrizenschreibweise, noch formulierte er die gewonnenen Lösungskomponenten als Inverse. Die Formeln von BOLTZ wurden 10 Jahre später 1923 von LOHAN [59] in die heute übliche Matrizenform übertragen, jedoch ebenfalls noch nicht als Inversenbeziehung.

Unabhängig von seinen Vorgängern entdeckte BANACHIEWICZ 1937 [2] und [3], 1938 [4] und [5] die Ränderungsformel durch Inversion von (38) und stellte sie in Form seiner (den Matrizen ähnlichen) Krakovianen dar. Trotzdem die in [2] enthaltenen Ergebnisse von VAN DER WAERDEN 1938 [85] in Matrizenform mitgeteilt wurden, blieben die Arbeiten BANACHIEWICZs weitgehend unbekannt. So wurde die Ränderungsformel 1938 erneut von FRAZER, DUNCAN und COLLAR [39] hergeleitet. In ihrem Standardbuch über Matrizen gewinnen sie die Ränderungsformel durch Auflösen der Matrizengleichung

$$\begin{pmatrix} P & Q \\ R & S \end{pmatrix} \begin{pmatrix} W & X \\ Y & Z \end{pmatrix} = \begin{pmatrix} E_m & 0 \\ 0 & E_{n-m} \end{pmatrix},$$

d. h. des Gleichungssystems

$$\begin{aligned} PW + QY &= E_m, \\ RW + SY &= 0, \\ PX + QZ &= 0, \\ RX + SZ &= E_{n-m} \end{aligned} \tag{64}$$

nach den gesuchten Untermatrizen W, X, Y, Z.

Im selben Jahr leitete COCHRAN 1938 [21] eine den Formeln (52) dieser Arbeit entsprechende Methode für die symmetrische Ränderung einer Spalte und Zeile her und benutzte sie bei der mehrfachen linearen Regression, um nachträglich eine Variable hinzufügen zu können.

In den folgenden Jahren befaßten sich weitere Autoren mit der Herleitung und Anwendung der Ränderungsmethode. JOSSA [50] wiederholte 1940, sogar im Detail, die Methode von BOLTZ zur Lösung eines Gleichungssystems durch Ränderung. HOTELLING [45] leitete 1943 für Matrizen geradzahliger Dimension n = 2m, die in 4 quadratische Untermatrizen zerlegt sind, durch Auflösung des Systems (64) eine Inversionsformel her, die aber 4 Inversionen (anstatt 2) benötigt. Trotz des Hinweises auf FRAZER, DUNCAN, COLLAR [39] erkannte er nicht, daß die Formel für beliebige Zerlegungen gültig ist und noch vereinfacht werden kann. Diese Vereinfachung der von HOTELLING angegebenen Formel wurde 1945 von WAUGH [87] vorgenommen. Die unnötige Beschränkung auf quadratische Untermatrizen gleicher Dimension ließ er aber nicht fallen.

Eine ausführliche Darstellung der Ränderungsmethode wurde 1944 von DUNCAN [26] gegeben. Er gewann die Ränderungsformel durch Aufspaltung eines linearen Gleichungssystems, und durch Umformung erhielt er äquivalente Identitäten. Dabei entdeckte er die Änderungsformel (8d), offenbar aber ohne sie als solche zu erkennen. Wie DUNCAN, der Mitverfasser von [39] ist, schreibt, stellte sich später heraus, daß ein Teil der Ergebnisse bereits von AITKEN in Vorlesungen verwendet wurde und daß die Ränderungsformel auch von MALLOCK im Zusammenhang mit seiner elektrischen Rechenmaschine zur Gleichungsauflösung benutzt wurde. Im Anhang zu [26] leitete DUNCAN die Ränderungsformel noch auf folgende Weise her. In der Erkenntnis, daß bei Matrizenoperationen Untermatrizen ähnlich wie skalare Elemente behandelt werden können, multipliziert er die Gleichung

$$AA^{-1} = \begin{pmatrix} P & Q \\ R & S \end{pmatrix} A^{-1} = \begin{pmatrix} E & 0 \\ 0 & E \end{pmatrix}$$

von links der Reihe nach mit geeigneten Blockdreiecks- oder Blockdiagonalmatrizen mit dem Ziel, A in die Einheitsmatrix überzuführen. Dadurch entsteht auf der rechten Seite gerade die gesuchte Inverse in Blockform.

In einer Arbeit, die sich inhaltlich mit der DUNCANs überschneidet, beschrieb GUTTMAN 1946 [42] verschiedene Ränderungsmethoden zur vollständigen Matrizeninversion (siehe Abschn. 3.9). Dabei gewann er „nebenbei“ ebenfalls die Änderungsformel.

Eine vierte Methode zur Herleitung der Ränderungsformel verwendete EGERVÁRY, aus seinem Nachlaß veröffentlicht 1960 [32], allerdings nur für den Spezialfall der einfachen Ränderung einer Spalte und Zeile. Er gewann die Ränderungsformel in der Form (44) durch Umformung der entsprechenden Reduktionsformel (vgl. Abschnitt 4).

Die in der vorliegenden Arbeit verwendete Herleitung der Ränderungsformeln mit Hilfe der Änderungsidentität (5) scheint neu zu sein.

Die Ränderungsmethode, die auf der Zerlegung einer Matrix in 4 Untermatrizen beruht, kann auch auf den Fall übertragen werden, daß die Matrix in 3 X 3 Untermatrizen zerlegt wird. Das kann vorteilhaft sein, wenn einzelne Untermatrizen von einfachem Typ sind, z. B. Null-, Einheits- oder Diagonalmatrix. Mit dieser Thematik beschäftigten sich DUNCAN 1944 [26] und 1956 [27], I. F. MORRISON 1946 [65] (bei Dreidiagonalmatrizen), KOSKO 1956 [55] und 1957 [56], PERNA 1957 [69]. Eine allgemeine Formel, nach der auch bei Zerlegungen höherer als 3. Ordnung die Blöcke der Inversen ermittelt werden können und welche die 2 X 2 - Ränderungsformel (35) als Spezialfall enthält, wurde 1952 von UNGER [84] angegeben.

Bei linearen Gleichungssystemen wurde die Ränderungsmethode, wie schon erwähnt, zuerst von BOLTZ 1923 [14] benutzt, 1933 von LOHAN [59] in Matrizenschreibweise formuliert und 1944 von DUNCAN [26] ausführlich diskutiert und mit einer Rechenvorschrift versehen. Zu denselben Ergebnissen gelangte auch KRON 1957 [57]. HOUSEHOLDER [47], S. 160–161, benutzte 1957 die Ränderungsmethode bei linearen Gleichungssystemen zur Fehlerabschätzung, wenn anstatt eines unendlichen oder sehr großen endlichen Systems ein kleineres endliches System gelöst wird. Mit der vollständigen Lösung linearer Gleichungssysteme durch schrittweise Anwendung einfacher Ränderungen befaßten sich z. B. MORRIS 1946 [64], MADIC 1956 [62], FADDEJEW und FADDEJEWA 1963 [34], S. 206, WOJEWODIN 1966 [93], S. 67.

Weitere Arbeiten über die Ränderungsmethode sind hauptsächlich Spezialfällen und Anwendungen gewidmet. Davon seien einige genannt.

Spezialfälle: BODEWIG 1956 [13]: die Untermatrizen R und Q enthalten nur ein oder zwei von Null verschiedene Elemente (= 1), Dreidiagonalmatrizen (auch in [11]).

Anwendungen: EGERVÁRY 1960 [33]: Lösung von Randwertaufgaben mit abgeänderten Randbedingungen, KLEIN 1964 [51]: Auflösung unendlicher linearer Gleichungssysteme, BABUŠKOVÁ 1964 [1]: approximative Lösung von unendlichen linearen Gleichungssystemen (Bandgestalt), die aus Rekursionsformeln herrühren, HORVAT 1966 [44]: Geodäsie.

3.6 Abschätzung des Rechenaufwandes

Die Anzahl der Multiplikationen für die in den Abschnitten 3.1, 3.2 und 3.3 hergeleiteten Ränderungsformeln ist aus den folgenden Tabellen ersichtlich. Darin bedeuten

n : Ordnung der zu invertierenden Matrix,

m: Ordnung der bekannten Inversen einer Untermatrix.

a) Nichtsymmetrische Matrizen

Änderung	Verfahren	Multiplikationen
n-m Spalten und Zeilen	Formel (35) oder (40)	$n^3 - m^3$
1 Spalte und Zeile	Formel (43) oder (46)	$3n^2 - 3n + 1$

b) Symmetrische Matrizen

Änderung	Verfahren	Multiplikationen
n-m Spalten und Zeilen	Formel (49)	$\frac{1}{2}(n^3 - m^3 + n^2 - m^2)$
1 Spalte und Zeile	Formel (51)	$\frac{1}{2}(3n^2 - n)$

c) Bandmatrizen

Änderung	Verfahren	Multiplikationen
k - Diagonalmatrix 1 Spalte und Zeile	Prozedur BANDBORD	$n^2 + (k-2)\,n + 1$
Dreidiagonalmatrix 1 Spalte und Zeile	Formel (53)	$n^2 + n + 1$

Bei bekannter Inverse einer Untermatrix ist die Inversion nach der Änderungsmethode vom Rechenaufwand her gesehen stets günstiger als die vollständige Neuberechnung der Inversen, und zwar wird genau die Inversion der Untermatrix eingespart, d. h. m^3 Multiplikationen. Ist die Inverse einer Untermatrix nicht bekannt, so beträgt die Anzahl der Multiplikationen unabhängig von der Art der Zerlegung stets n^3. Wie man aus den Tabellen entnehmen kann, ist der Aufwand für k Änderungen von einer Spalte und Zeile genau derselbe wie für eine einzige Änderung von k Spalten und Zeilen, d. h., die Änderung von Blöcken kann operationsmäßig durch Änderungen von einzelnen Spalten und Zeilen ersetzt werden (vgl. jedoch Abschn. 3.9 bezüglich der Singularität von Zwischeninversen). Die Änderung bei Bandmatrizen geht für $k = 2n - 1$ (soviele Diagonalen einer Richtung hat eine Matrix n-ter Ordnung gerade) in die gewöhnliche Änderung einer Spalte und Zeile über.

3.7 ALGOL-Programme

Zur Berechnung von Inversen durch Ränderung einer Spalte und Zeile wurden 4 ALGOL-Programme aufgestellt, und zwar die Prozedur INVBORD nach den Formeln (45) für beliebige nichtsinguläre Matrizen, die Prozedur SYMBORD nach (52) für symmetrische Matrizen, die Prozedur BANDBORD für Bandmatrizen und die Prozedur TRIBORD nach (55) für Dreidiagonalmatrizen.

```
procedure INVBORD (n, s, q, r, p, a);
value n; integer n; real s; array q, r, p, a;
comment INVBORD (inverse of a bordered matrix) berechnet die Inverse A^-1 = a
```

einer beliebigen nichtsingulären (n, n)-Matrix $A = \left(\begin{array}{c|c} P & q \\ \hline r & s \end{array}\right)$, die aus einer nichtsingulären (n-1, n-1)-Matrix P durch Ränderung eines Spaltenvektors q, eines Zeilenvektors r und eines Skalars s hervorgeht. $P^{-1} = p$ wird als bekannt vorausgesetzt:

```
begin integer i, k, m; real c; array t[1 : n-1];
      m := n - 1;
      for i := 1 step 1 until m do
         begin c := 0;
            for k := 1 step 1 until m do c := c + p[i, k] × q[k];
            t[i] := c
         end;
      c := 0;
      for i := 1 step 1 until m do c := c + r[i] × t[i];
      c := a[n, n] := 1/(s - c);
      for i := 1 step 1 until m do a[i, n] := - c × t[i];
      for k := 1 step 1 until m do r[k] := - c × r[k];
      for k := 1 step 1 until m do
         begin c := 0;
            for i := 1 step 1 step 1 until m do
               c := c + r[i] × p[i, k];
            a[n, k] := c
      end;
      for i := 1 step 1 until m do
      for k := 1 step 1 until m do
         a[i, k] := p[i, k] - t[i] × a[n, k]
end INVBORD
```

procedure SYMBORD (n, s, q, p, a);
value n; **integer** n; **real** s; **array** q, p, a;
comment SYMBORD (symmetric bordering) berechnet die Inverse $A^{-1} = a$ einer symmetrischen nichtsingulären (n, n)-Matrix $A = \left(\begin{array}{c|c} P & q \\ \hline q' & s \end{array}\right)$, die aus einer symmetrischen nichtsingulären (n-1, n-1)-Matrix P durch symmetrische Ränderung eines Spaltenvektors q, eines Zeilenvektors q' und eines Skalars s hervorgeht. $P^{-1} = p$ wird als bekannt vorausgesetzt;

```
begin integer i, k, m; real c; array t[1 : n-1];
      m := n - 1;
      for i := 1 step 1 until m do
         begin c := 0;
            for k := 1 step 1 until m do c := c + p[i, k] × q[k];
            t[i] := c
         end;

      c := 0;
      for i := 1 step 1 until m do c := c + t[i] × q[i];
      c := a[n, n] := 1/(s - c);
      for i := 1 step 1 until m do a[i, n] := a[n, i] := - c × t[i];
      for i := 1 step 1 until m do
      for k := 1 step 1 until i do
         a[i, k] := a[k, i] := p[i, k] - a[i, n] × t[k]
end SYMBORD
```

procedure BANDBORD (n, b, s, q, r, p, a);
value n, b; **integer** n, b; **real** s; **array** q, r, p, a;
comment BANDBORD (bordering of a band matrix) berechnet die Inverse $A^{-1} = a$ einer nichtsingulären (n, n)-Bandmatrix $A = \left(\begin{array}{c|c} P & q \\ \hline r & s \end{array}\right)$, die aus einer nichtsingulären (n-1, n-1)-Bandmatrix P durch Ränderung eines Spaltenvektors q, eines Zeilenvektors r und eines Skalars s hervorgeht. $P^{-1} = p$ wird als bekannt vorausgesetzt. b bezeichnet die Bandbreite (Anzahl der Sub- oder Superdiagonalen);

```
begin integer i, k, m; real c; array t[1 : n-1];
    m := n - 1;
    for i := 1 step 1 until m do
       begin c := 0;
          for k := n - b step 1 until m do
             c := c + p[i, k] × q[k];
          t[i] := c
       end;

    c := 0;
    for i := n - b step 1 until m do c := c + r[i] × t[i];
    c := a[n, n] := 1/(s - c);
    for i := 1 step 1 until m do a[i, n] := - c × t[i];
    for k := n - b step 1 until m do r[k] := - c × r[k];
    for k := 1 step 1 until m do
       begin c := 0;
          for i := n - b step 1 until m do
             c := c + r[i] × p[i, k];
          a[n, k] := c
       end;
    for i := 1 step 1 until m do
    for k := 1 step 1 until m do
       a[i, k] := p[i, k] - t[i] × a[n, k]
end BANDBORD
```

```
procedure TRIBORD (n, s, u, v, p, a);
value n; integer n; real s, u, v; array p, a;
```

comment TRIBORD (bordering of a tridiagonal matrix) berechnet die Inverse A^{-1} =

a einer nichtsingulären (n, n)-Dreidiagonalmatrix $A = \left(\begin{array}{c|c} P & q \\ \hline r & s \end{array}\right)$, die aus einer

nichtsingulären (n-1, n-1)-Dreidiagonalmatrix P durch Ränderung eines Spaltenvektors $q = (0, \ldots, 0, u)'$, eines Zeilenvektors $r = (0, \ldots, 0, v)$ und eines Skalars s hervorgeht. $P^{-1} = p$ wird als bekannt vorausgesetzt;

```
begin integer i, k, m; real z; array t[1 : n-1];
      m := n - 1;
      for i := 1 step 1 until m do t[i] := u × p[i, m];
      a[n, n] := z := 1/(s - v × u × p[m, m]);
      for k := 1 step 1 until m do a[n, k] := - z × v × p[m, k];
      for i := 1 step 1 until m do a[i, n] := - z × t[i];
      for i := 1 step 1 until m do
      for k := 1 step 1 until m do
         a[i, k] := p[i, k] - t[i] × a[n, k]
end TRIBORD
```

3.8 Beispiele

Die in den Abschnitten 3.1, 3.2 und 3.3 hergeleiteten Formeln sollen nun an Hand einfacher Beispiele erläutert werden.

a) Nichtsymmetrische Matrizen

1. *Ränderung eines Blockes.* Gegeben sind eine Matrix P und ihre Inverse P^{-1}

$$P = \begin{pmatrix} 1 & 1 \\ 1 & 2 \end{pmatrix}, \qquad P^{-1} = \begin{pmatrix} 2 & -1 \\ -1 & 1 \end{pmatrix}.$$

Gesucht ist die Inverse der Matrix

$$A = \left(\begin{array}{c|c} P & Q \\ \hline R & S \end{array}\right) = \left(\begin{array}{cc|cc} 1 & 1 & 0 & -1 \\ 1 & 2 & 3 & 1 \\ \hline 2 & 0 & -1 & 0 \\ -2 & 1 & 5 & 3 \end{array}\right).$$

Nach den Formeln (37) ergibt sich

$$T = \begin{pmatrix} -3 & -3 \\ 3 & 2 \end{pmatrix}, \qquad S_1 = \begin{pmatrix} 5 & 6 \\ -4 & -5 \end{pmatrix}, \qquad Z = \begin{pmatrix} 5 & 6 \\ -4 & -5 \end{pmatrix},$$

$$Y = \begin{pmatrix} 10 & -8 \\ -9 & 7 \end{pmatrix}, \qquad X = \begin{pmatrix} 3 & 3 \\ -7 & -8 \end{pmatrix}, \qquad W = \begin{pmatrix} 5 & -4 \\ -13 & 11 \end{pmatrix}$$

und damit als gesuchte Inverse

$$A^{-1} = \left(\begin{array}{c|c} W & X \\ \hline Y & Z \end{array}\right) = \left(\begin{array}{rr|rr} 5 & -4 & 3 & 3 \\ -13 & 11 & -7 & -8 \\ \hline 10 & -8 & 5 & 6 \\ -9 & 7 & -4 & -5 \end{array}\right).$$

2. *Ränderung einer Spalte und Zeile.* Gegeben sind

$$P = \begin{pmatrix} 1 & 2 & 1 \\ 1 & -3 & 3 \\ 4 & 1 & 7 \end{pmatrix}, \qquad P^{-1} = \begin{pmatrix} 24 & 13 & -9 \\ -5 & -3 & 2 \\ -13 & -7 & 5 \end{pmatrix}.$$

Gesucht ist die Inverse der Matrix

$$A = \left(\begin{array}{c|c} P & q \\ \hline r' & s \end{array}\right) = \left(\begin{array}{rrr|r} 1 & 2 & 1 & 1 \\ 1 & -3 & 3 & 0 \\ 4 & 1 & 7 & 1 \\ \hline 1 & -2 & 2 & 6 \end{array}\right).$$

Nach den Formeln (45) ergibt sich

$$t = \begin{pmatrix} 15 \\ -3 \\ -8 \end{pmatrix}, s_1 = 1, \quad z = 1, \quad y' = (-8, -5, 3), \quad x = \begin{pmatrix} -15 \\ 3 \\ 8 \end{pmatrix},$$

$$W = \begin{pmatrix} 144 & 88 & -54 \\ -29 & -18 & 11 \\ -77 & -47 & 29 \end{pmatrix}$$

und damit

$$A^{-1} = \left(\begin{array}{c|c} W & x \\ \hline y' & z \end{array}\right) = \left(\begin{array}{rrr|r} 144 & 88 & -54 & -15 \\ -29 & -18 & 11 & 3 \\ -77 & -47 & 29 & 8 \\ \hline -8 & -5 & 3 & 1 \end{array}\right).$$

b) Symmetrische Matrizen

Gegeben sind eine symmetrische Matrix P und ihre Inverse P^{-1}

$$P = \begin{pmatrix} 1 & 1 & 1 \\ 1 & 2 & 3 \\ 1 & 3 & 6 \end{pmatrix}, \qquad P^{-1} = \begin{pmatrix} 3 & -3 & 1 \\ -3 & 5 & -2 \\ 1 & -2 & 1 \end{pmatrix}.$$

Gesucht ist jeweils die Inverse einer Matrix A, die aus P durch symmetrische Ränderung hervorgeht.

1. *Ränderung eines Blockes*

$$A=\left(\begin{array}{c|c} P & Q \\ \hline Q' & S \end{array}\right) = \left(\begin{array}{ccc|cc} 1 & 1 & 1 & 1 & 1 \\ 1 & 2 & 3 & 4 & 5 \\ 1 & 3 & 6 & 10 & 15 \\ \hline 1 & 4 & 10 & 20 & 35 \\ 1 & 5 & 15 & 35 & 70 \end{array}\right).$$

Nach den Formeln (50) erhält man

$$T=\begin{pmatrix} 1 & 3 \\ -3 & -8 \\ 3 & 6 \end{pmatrix}, \quad S_1=\begin{pmatrix} 1 & 4 \\ 4 & 17 \end{pmatrix}, \quad Z=\begin{pmatrix} 17 & -4 \\ -4 & 1 \end{pmatrix},$$

$$X=\begin{pmatrix} -5 & 1 \\ 19 & -4 \\ -27 & 6 \end{pmatrix}, \quad W=\begin{pmatrix} 5 & -10 & 10 \\ -10 & 30 & -35 \\ 10 & -35 & 46 \end{pmatrix}$$

und damit

$$A^{-1}=\left(\begin{array}{c|c} W & X \\ \hline X' & Z \end{array}\right) = \left(\begin{array}{ccc|cc} 5 & -10 & 10 & -5 & 1 \\ -10 & 30 & -35 & 19 & -4 \\ 10 & -35 & 46 & -27 & 6 \\ \hline -5 & 19 & -27 & 17 & -4 \\ 1 & -4 & 6 & -4 & 1 \end{array}\right).$$

2. *Ränderung einer Spalte und Zeile*

$$A=\left(\begin{array}{c|c} P & q \\ \hline q' & s \end{array}\right) = \left(\begin{array}{ccc|c} 1 & 1 & 1 & 1 \\ 1 & 2 & 3 & 4 \\ 1 & 3 & 6 & 10 \\ \hline 1 & 4 & 10 & 20 \end{array}\right).$$

Nach den Formeln (52) erhält man

$$t=\begin{pmatrix} 1 \\ -3 \\ 3 \end{pmatrix}, \; s_1=1, \; z=1, \; x=\begin{pmatrix} -1 \\ 3 \\ -3 \end{pmatrix}, \; W=\begin{pmatrix} 4 & -6 & 4 \\ -6 & 14 & -11 \\ 4 & -11 & 10 \end{pmatrix}$$

und damit

$$A^{-1}=\left(\begin{array}{c|c} W & x \\ \hline x' & z \end{array}\right) = \left(\begin{array}{ccc|c} 4 & -6 & 4 & -1 \\ -6 & 14 & -11 & 3 \\ 4 & -11 & 10 & -3 \\ \hline -1 & 3 & -3 & 1 \end{array}\right).$$

c) Bandmatrizen

Gegeben sind eine Dreidiagonalmatrix P und ihre Inverse P^{-1}

$$P = \begin{pmatrix} 1 & -2 & 0 & 0 \\ -1 & 3 & -1 & 0 \\ 0 & -1 & 2 & -1 \\ 0 & 0 & -2 & 3 \end{pmatrix}, \quad P^{-1} = \begin{pmatrix} 9 & 8 & 6 & 2 \\ 4 & 4 & 3 & 1 \\ 3 & 3 & 3 & 1 \\ 2 & 2 & 2 & 1 \end{pmatrix}.$$

Gesucht ist die Inverse der Dreidiagonalmatrix A, die aus P durch Ränderung einer Spalte und Zeile hervorgeht.

$$A = \left(\begin{array}{c|c} P & q \\ \hline r' & s \end{array}\right) = \left(\begin{array}{cccc|c} 1 & -2 & 0 & 0 & 0 \\ -1 & 3 & -1 & 0 & 0 \\ 0 & -1 & 2 & -1 & 0 \\ 0 & 0 & -2 & 3 & -1 \\ \hline 0 & 0 & 0 & -2 & 3 \end{array}\right).$$

Nach den Formeln (55) erhält man

$$t = -\begin{pmatrix} 2 \\ 1 \\ 1 \\ 1 \end{pmatrix}, \; s_1 = 1, \; z = 1, \; y' = (4, 4, 4, 2), \; x = \begin{pmatrix} 2 \\ 1 \\ 1 \\ 1 \end{pmatrix},$$

$$W = \begin{pmatrix} 17 & 16 & 14 & 6 \\ 8 & 8 & 7 & 3 \\ 7 & 7 & 7 & 3 \\ 6 & 6 & 6 & 3 \end{pmatrix}$$

und damit

$$A^{-1} = \left(\begin{array}{c|c} W & x \\ \hline y' & z \end{array}\right) = \left(\begin{array}{cccc|c} 17 & 16 & 14 & 6 & 2 \\ 8 & 8 & 7 & 3 & 1 \\ 7 & 7 & 7 & 3 & 1 \\ 6 & 6 & 6 & 3 & 1 \\ \hline 4 & 4 & 4 & 2 & 1 \end{array}\right).$$

3.9 Vollständiges Inversionsverfahren (Ränderungsverfahren)

Die Ränderungsmethode kann zur vollständigen Inversion beliebiger nichtsingulärer Matrizen verwendet werden. Dieses Vorgehen führt zu einem Algorithmus, der „Ränderungsverfahren" genannt werden soll. In der englischsprachigen Literatur gibt es dafür eine ganze Reihe von Bezeichnungen, nämlich "method of submatrices" (FRAZER, DUNCAN, COLLAR 1938 [39]), "enlargement method" (GUTTMAN 1946 [42]), "escalator process" (MORRIS 1946 [64], ursprünglich für Gleichungssysteme, HOUSEHOLDER 1953 [46]), "extension method" (DWYER 1951 [29]), "method of partitioning" (LOTKIN, REMAGE 1952 [60], 1953 [61]), "method of bordering".

Das Ränderungsverfahren besteht in folgendem. Zur Inversion der nichtsingulären Matrix $A = (a_{ij})$ geht man von dem Anfangselement $A_1 = a_{11} \neq 0$ aus und erzeugt durch schrittweise Ränderung von jeweils einer Spalte und Zeile eine Folge von Matrizen $A_2, \ldots, A_k, A_{k+1}, \ldots, A_n = A$, deren Inversen sich nach der Ränderungsformel (43) berechnen lassen. Mit den im Abschn. 3.2 benutzten Bezeichnungen hat die Zwischenmatrix A_{k+1} folgende Gestalt

$$A_{k+1} = \left(\begin{array}{c|c} A_k & q_k \\ \hline r'_k & s_k \end{array}\right)$$

mit

$$q_k = \begin{pmatrix} a_{1,k+1} \\ a_{2,k+1} \\ \vdots \\ a_{k,k+1} \end{pmatrix}, r'_k = (a_{k+1,1}, \ldots, a_{k+1,k}), s_k = a_{k+1,k+1} .$$

Ihre Inverse ist

$$A_{k+1}^{-1} = \left(\begin{array}{c|c} W_k & x_k \\ \hline y'_k & z_k \end{array}\right) = \left(\begin{array}{c|c} A_k^{-1} + z_k A_k^{-1} q_k r'_k A_k^{-1} & z_k A_k^{-1} q_k \\ \hline -z_k r'_k A_k^{-1} & z_k \end{array}\right) \tag{65}$$

mit $z_k = 1/(s_k - r'_k A_k^{-1} q_k)$. Der vollständige Formelapparat für das Ränderungsverfahren lautet nach (45) und (65) wie folgt.

$$A_1^{-1} = \frac{1}{a_{11}} ,$$

$$\left.\begin{aligned} t_k &= A_k^{-1} q_k , \\ z_k &= \frac{1}{s_k - r_k' t_k} , \\ y_k' &= - z_k r_k' A_k^{-1} , \\ x_k &= - z_k t_k , \\ W_k &= A_k^{-1} - t_k y_k' , \end{aligned}\right\} \quad \text{für } k = 1(1)n\text{-}1 \tag{66}$$

$$A^{-1} = A_n^{-1} .$$

Der beschriebene Prozeß kann allerdings versagen, wenn eine der Zwischenmatrizen A_k singulär wird. Dann ist $1/z_k = 0$. Durch Vertauschung der k-ten Spalte (oder Zeile) mit einer der restlichen n-k Spalten (oder Zeilen) von A kann jedoch stets erreicht werden, daß die neue Zwischenmatrix nichtsingulär ist. Es gilt nämlich folgender Satz.

Satz 3: **Die zu invertierende Matrix A und die k-te Zwischenmatrix**

$$A_k = \begin{pmatrix} a_{11} \ldots a_{1k} \\ \ldots\ldots\ldots \\ a_{k1} \ldots a_{kk} \end{pmatrix}$$

seien nichtsingulär. Dann läßt sich unter den restlichen n-k Spalten von A immer eine Spalte $A_{.j}$ $(k+1 \leqq j \leqq n)$ finden, so daß die $(k+1)$-te Zwischenmatrix

$$A_{k+1}(j) = \left(\begin{array}{c|c} A_k & q_j \\ \hline r_k' & s_j \end{array}\right)$$

mit

$$q_j = \begin{pmatrix} a_{1,j+1} \\ a_{2,j+1} \\ \cdot \\ \cdot \\ \cdot \\ a_{k,j+1} \end{pmatrix} , \quad s_j = a_{k+1,j+1} , \qquad k \leqq j \leqq n\text{-}1,$$

ebenfalls nichtsingulär ist.

Beweis: Angenommen, alle Zwischenmatrizen $A_{k+1}(j)$, $j = k(1)n\text{-}1$, sind singulär. Dann folgt aus (39)

$$\det A_{k+1}(j) = \det A_k \cdot (s_j - r_k' A_k^{-1} q_j) = 0.$$

Wegen der Nichtsingularität von A_k gilt demnach

$$s_j - r_k' A_k^{-1} q_j = 0 \quad \text{für} \quad j = k(1)n\text{-}1. \tag{67}$$

Andererseits ist auf Grund der Zerlegung

$$A = \left(\begin{array}{c|c} A_k & Q \\ \hline R & S \end{array}\right)$$

nach (39)

$$\det A = \det A_k \cdot \det (S - RA_k^{-1}Q)$$

und nach Voraussetzung

$$\det (S - RA_k^{-1}Q) \neq 0.$$

Die Elemente der ersten Zeile von $S - RA_k^{-1}Q$ lauten

$$\left.\begin{array}{l} a_{k+1,\,j+1} - (a_{k+1,\,1}, \ldots, a_{k+1,\,k})\, A_k^{-1} \begin{pmatrix} a_{1,j+1} \\ \vdots \\ a_{k,j+1} \end{pmatrix} \\ = s_j - r_k' A_k^{-1} q_j. \end{array}\right\} \quad j = k(1)n\text{-}1$$

Sie müßten (67) zufolge sämtlich verschwinden. Folglich wäre $\det (S - RA_k^{-1}Q) = 0$ im Widerspruch zur Voraussetzung.

Für die Beseitigung der Singularität von A_k durch Vertauschung von Zeilen läßt sich ein analoger Satz beweisen.

Der Rechenaufwand beim Ränderungsverfahren beträgt den Überlegungen des Abschn. 3.6 zufolge n^3 Multiplikationen, d.h. genau wie beim GAUSSschen Algorithmus. Bei symmetrischen Matrizen halbiert er sich etwa.

Ein Vorteil des Ränderungsverfahrens besteht darin, die Reihenfolge der zu rändernden Spalten und Zeilen frei wählen zu können. Wie beim Ergänzungsverfahren kann das zur Erzielung möglichst geringer Fehlerfortpflanzung ausgenutzt werden. Dabei kommt es auf eine geeignete Dimensionierung der Größe $z_k = \det A_k / \det A_{k+1}$ an. Auch hier scheint der günstigste Prozeß noch nicht gefunden zu sein.

Bibliographische Zusatzbemerkungen zum Ränderungsverfahren

Obwohl das Ränderungsverfahren auf den von SCHUR 1917 [76] und BOLTZ 1923 [14] angegebenen Formeln fußt, scheint es jedoch zuerst 1938 von FRAZER, DUNCAN und COLLAR [39] veröffentlicht worden zu sein. Eine ausführliche Beschreibung des Verfahrens zusammen mit Ränderungen höherer Ordnung wurde 1946 von GUTTMAN [42] angegeben. Weitere Beschreibungen findet man u. a. in [9] und in neueren Lehrbüchern, z. B. sehr ausführlich und mit Rechenschema in [34], mit vielen Beispielen in [28].

Die Anwendung des Ränderungsverfahrens auf Rechenautomaten mit Festkomma-arithmetik wurde 1952 [60] und 1953 [61] von LOTKIN und REMAGE untersucht, allerdings beschränken sich ihre Fehlerbetrachtungen auf positiv definite Matrizen. Die Eignung des Ränderungsverfahrens für Rechenautomaten mit Parallelverarbeitung von Operationen (und Vergleich mit GAUSS-Elimination) wurde 1967 von PEASE [68] untersucht. Auf die schrittweise Berechnung der Determinanten der Zwischeninversen wurde in [70] hingewiesen. Ein ALGOL-Programm für das Ränderungsverfahren zur Inversion symmetrischer Matrizen mit positiv-definiten Hauptuntermatrizen (wo also keine singulären Zwischenmatrizen auftreten können) wurde 1967 von RUTISHAUSER [73], S. 244–247, angegeben. Dieses Programm berücksichtigt insbesondere die Verwendung von Magnetbandspeichern bei großen Matrizen, die nicht mehr in den Schnellspeicher passen.

4. Die Reduktionsmethode

4.1 Allgemeine Reduktionsformeln

A sei eine quadratische nichtsinguläre Matrix n-ter Ordnung, die wie folgt in 4 Untermatrizen zerlegbar sein soll

$$A = \left(\begin{array}{c|c} P & Q \\ \hline R & S \end{array}\right), \tag{68}$$

wo P eine nichtsinguläre Matrix der Ordnung m und Q = Q(m, n-m), R = R(n-m, m) und S = S(n-m, n-m) beliebige Matrizen mit den in Klammern angegebenen Zeilen- und Spaltenzahlen sind. P kann aufgefaßt werden als Ergebnis einer Reduktion von A, d. h. Streichung der letzten n-m Zeilen und Spalten von A. A^{-1} sei bekannt. P^{-1} soll unter Verwendung von A^{-1} berechnet werden.

Eine Beziehung zwischen

$$A^{-1} = \left(\begin{array}{c|c} W & X \\ \hline Y & Z \end{array}\right)$$

und P^{-1} läßt sich sehr leicht aus der allgemeinen Ränderungsformel in Gestalt der Gleichungen (37) gewinnen. Aus der letzten Gleichung von (37) folgt nämlich $P^{-1} = W + TY$ und hieraus wegen $T = -XZ^{-1}$ die *allgemeine Reduktionsformel*

$$\boxed{P^{-1} = W - XZ^{-1}Y.} \tag{69}$$

Wie in 3.1 bewiesen wurde, ist mit A und P auch Z nichtsingulär.

Setzt man in A nicht P, sondern S als nichtsingulär voraus, so erhält man aus (42) die analoge Reduktionsformel

$$\boxed{S^{-1} = Z - YW^{-1}X.} \tag{70}$$

Die Inversenberechnung nach einer der Reduktionsformeln (69) oder (70) ist vom Rechenaufwand her gesehen nur dann vorteilhaft, wenn grob abgeschätzt die Ordnung der gesuchten Inversen mindestens $\frac{2}{3}$ der Ordnung von A beträgt (vgl. 4.6). Die Formeln (69) und (70) sind auch dann anwendbar, wenn die aus A entfernten Zeilen und Spalten nicht schon am Rande liegen. Durch Vertauschung von Zeilen und Spalten kann stets die Form (68) erreicht werden. Die entsprechenden Vertauschungen in der berechneten Inversen erfolgen nach Satz 2 von Abschn. 3.9.

4.2 Reduktion einer Spalte und Zeile

1. Fall: $m = n - 1$ (die letzte Spalte und Zeile von A werden weggelassen). Aus der bekannten Inversen

$$A^{-1} = \left(\begin{array}{c|c} P & q \\ \hline r' & s \end{array}\right)^{-1} = \left(\begin{array}{c|c} W & x \\ \hline y' & z \end{array}\right),$$

in der x und y nunmehr Spaltenvektoren sind und z ein Skalar ist, berechnet sich P^{-1} gemäß (69) zu

$$\boxed{P^{-1} = W - \frac{1}{z} xy'} \quad . \tag{71}$$

2. Fall: $m = 1$ (die erste Spalte und Zeile von A werden weggelassen). Für die gesuchte Inverse S^{-1} ergibt sich unter Verwendung von

$$A^{-1} = \left(\begin{array}{c|c} p & q' \\ \hline r & S \end{array}\right)^{-1} = \left(\begin{array}{c|c} w & x' \\ \hline y & Z \end{array}\right)$$

aus (70)

$$\boxed{S^{-1} = Z - \frac{1}{w} yx'.} \tag{72}$$

3. Fall: die i-te Zeile und j-te Spalte von A werden weggelassen. Die dadurch entstehende Matrix soll mit $A\,[i, j]$ oder auch kurz mit A^* bezeichnet werden. Dieser Fall kann durch Zeilen- und Spaltenvertauschungen auf einen der ersten beiden Fälle zurückgeführt werden. Da er aber häufig vorkommt, soll die explizite Formel angegeben werden. Bezeichnet man analog mit $A^{-1}[j, i]$ diejenige Matrix, die aus A^{-1} durch Weglassen der j-ten Zeile und i-ten Spalte hervorgeht, mit $A_{.i}^{-1}[j]$ die i-te Spalte von A^{-1} ohne das j-te Element, mit $A_{j.}^{-1}[i]$ die j-te Zeile von A^{-1} ohne das i-te Element und mit A_{ji}^{-1} das Element (j, i) von A^{-1}, so folgt aus (71)

$$\boxed{A^{*-1} = A^{-1}[j, i] - \frac{1}{A_{ji}^{-1}} A_{.i}^{-1}[j]\, A_{j.}^{-1}[i]} \quad . \tag{73}$$

Die einzelnen Elemente von A^{*-1} berechnen sich also nach der Gleichung

$$A^{*-1}_{kl} = A^{-1}_{kl} - \frac{A^{-1}_{ki}\, A^{-1}_{jl}}{A^{-1}_{ji}} \qquad k, l = 1\,(1)n, \quad k \neq j, \quad l \neq i. \tag{74}$$

4.3 Reduktion bei symmetrischen Matrizen

Mit A ist auch

$$A^{-1} = \left(\begin{array}{c|c} W & X \\ \hline Y & Z \end{array}\right)$$

symmetrisch. Folglich gilt $W = W'$, $Z = Z'$, $Y = X'$. Die *allgemeinen Reduktionsformeln für den symmetrischen Fall* lauten dann nach (69) und (70)

$$P^{-1} = W - XZ^{-1}X' \tag{75}$$

und

$$S^{-1} = Z - YW^{-1}Y' \tag{76}$$

Wegen der Symmetrie dieser Gleichungen reduziert sich der Rechenaufwand gegenüber dem nichtsymmetrischen Fall etwa auf die Hälfte (vgl. Abschn. 4.6).

Bei der einfachen symmetrischen Reduktion einer Spalte und Zeile ergeben sich aus (75) und (76) folgende Formeln.

Für $m = n - 1$

$$P^{-1} = W - \frac{1}{z}xx', \tag{77}$$

und für $m = 1$

$$S^{-1} = Z - \frac{1}{w}yy'. \tag{78}$$

Im Fall, daß von der symmetrischen Matrix die i-te Zeile und Spalte gestrichen werden, folgt aus (73)

$$A^{*-1} = A^{-1}[i,i] - \frac{1}{A^{-1}_{ii}}\, A^{-1}_{.i}[i]\, A^{-1}_{i.}[i] \tag{79}$$

oder in Komponentenschreibweise

$$\boxed{A^{*-1}_{kl} = A^{-1}_{kl} - \frac{A^{-1}_{ki}\, A^{-1}_{il}}{A^{-1}_{ii}}} \qquad \begin{array}{l} k, l = 1(1)n, \\ k, l \neq i. \end{array} \tag{80}$$

Die Symmetrie $A^{*-1}_{kl} = A^{*-1}_{lk}$ ist auch hier leicht erkennbar, denn es gilt $A^{-1}_{ki} = A^{-1}_{ik}$.

Bei der Reduktion von Bandmatrizen ergeben sich keine Vereinfachungen, weil die Bandgestalt bei der Inversion verlorengeht.

4.4 Reduktion bei linearen Gleichungssystemen

Zu lösen ist das lineare Gleichungssystem m-ter Ordnung

$$Pg = h, \tag{81}$$

das aus dem bereits gelösten System n-ter Ordnung

$$At = b \tag{82}$$

durch Reduktion, genauer, durch Streichung der letzten $k = n - m$ Gleichungen und Unbekannten entstanden ist. Die Lösung von (81) $g = P^{-1} h$ kann unter Verwendung der Reduktionsformel (69) sofort angegeben werden

$$g = (W - XZ^{-1}Y)h. \tag{83}$$

Diese Art der Gleichungsauflösung ist natürlich nur dann zweckmäßig, wenn $A^{-1} = \begin{pmatrix} W & X \\ Y & Z \end{pmatrix}$ bekannt ist. Die Anzahl der Multiplikationen beträgt $(k+1)m^2 + 0(m)$.

Vereinfachungen ergeben sich, wenn m = n-1 ist, d. h., wenn in dem gelösten System (82) die letzte Gleichung und Unbekannte weggelassen werden. Dann ist nach (81) und (71)

$$g = Wh - \frac{1}{z}\, xy'h\,. \tag{84}$$

$Wh = u$ und $y'h = v$ erhält man nun leicht durch Auflösung des Gleichungssystems

$$A\begin{pmatrix} u \\ v \end{pmatrix} = \begin{pmatrix} h \\ 0 \end{pmatrix}, \tag{85}$$

denn

$$\begin{pmatrix} u \\ v \end{pmatrix} = A^{-1}\begin{pmatrix} h \\ 0 \end{pmatrix} = \left(\begin{array}{c|c} W & x \\ \hline y' & z \end{array}\right)\begin{pmatrix} h \\ 0 \end{pmatrix} = \begin{pmatrix} Wh \\ y'h \end{pmatrix} . \tag{86}$$

Ebenso bekommt man x und z, also die letzte Spalte von A^{-1}, durch Auflösung des Gleichungssystems

$$A\begin{pmatrix} x \\ z \end{pmatrix} = e_n , \tag{87}$$

denn $\begin{pmatrix} x \\ z \end{pmatrix} = A^{-1}e_n = A^{-1}_{.n}$. Die beiden zu lösenden Gleichungssysteme (85) und (87) unterscheiden sich von dem bereits gelösten System (82) nur in den rechten Seiten. Sie lassen sich also leicht lösen, wenn die Lösung von (82) mittels eines Eliminationsverfahrens gefunden wurde und die Reduktionsdaten (beim GAUSSschen Algorithmus die Koeffizienten des Dreiecksystems und die Reduktionsquotienten) wieder verwendet werden. Für die gesuchte Lösung g ergibt sich dann aus (84) und (86)

$$\boxed{g = u - \frac{v}{z}\, x \, .} \tag{88}$$

Die Berechnung von u und v kostet n^2 Multiplikationen, die von x und z $(n^2 + n)/2$, weil die Transformation der rechten Seite $e_n = (0, \ldots, 0, 1)'$ entfällt. Das ergibt zusammen $\frac{3}{2}(n^2 + n)$ Multiplikationen, gegenüber $\frac{1}{3}n^3 - \frac{4}{3}n + 1$, wenn das System (81) neu gelöst werden müßte, d. h., ab n = 6 ist die Reduktionsmethode günstiger.

Der Fall m = 1, wenn in (82) die erste Gleichung und Unbekannte weggelassen werden, kann unter Verwendung der Reduktionsformel (72) in analoger Weise gelöst werden.

Es soll nun der allgemeine Fall betrachtet werden, daß ein Gleichungssystem (n-1)-ter Ordnung

$$A^* g = h \tag{89}$$

zu lösen ist, dessen Koeffizientenmatrix $A^* = A[i, j]$ aus der Matrix A des bereits gelösten Systems (82) durch Streichung der i-ten Zeile und j-ten Spalte hervorgeht. Die Lösung $g = A^{*-1}h$ wird nach (73) zunächst in der Form

$$g = A^{-1}[j, i]h - \frac{1}{A^{-1}_{ji}}\, A^{-1}_{.i}[j]\, A^{-1}_{j.}[i]\, h \tag{90}$$

geschrieben.

Für die folgenden Überlegungen wird eine Matrix M eingeführt, die aus A dadurch entsteht, daß in A die i-te Zeile und j-te Spalte gestrichen und als letzte Zeile bzw. Spalte wieder angefügt werden, d. h.

$$M = \begin{pmatrix} A[i,j] & A_{.j}[i] \\ A_{i.}[j] & A_{ij} \end{pmatrix} .$$

M läßt sich als Folge von Tauschungsmatrizen T_{ij}, die auf A angewandt werden, darstellen

$$M = V_1(i)\ A\ V_2(j) \tag{91}$$

mit

$$V_1(i) = T_{n-2,n-1} \ldots T_{i+1,i+2}\ T_{i,i+1}\ T_{i,n}\ , \tag{92}$$

$$V_2(j) = T_{j,n}\ T_{j,j+1}\ T_{j+1,j+2} \ldots T_{n-2,n-1}\ . \tag{93}$$

Dann ist

$$M^{-1} = V_2^{-1}(j)\ A^{-1}\ V_1^{-1}(i)$$

oder wegen $T_{ij}^{-1} = T_{ij}$ und demzufolge $V_1^{-1}(i) = V_2(i)$ und $V_2^{-1}(j) = V_1(j)$

$$M^{-1} = V_1(j)\ A^{-1}\ V_2(i).$$

Hieraus folgt für M^{-1} als Blockmatrix geschrieben

$$M^{-1} = \begin{pmatrix} A^{-1}[j,i] & A_{.i}^{-1}[j] \\ A_{j.}^{-1}[i] & A_{ji}^{-1} \end{pmatrix} . \tag{94}$$

$A^{-1}[j,i]\,h = u$ und $A_{j.}^{-1}[i]\,h = v$, die in (90) benötigt werden, erhält man nun durch Auflösen des Gleichungssystems

$$M\begin{pmatrix} u \\ v \end{pmatrix} = \begin{pmatrix} h \\ 0 \end{pmatrix} , \tag{95}$$

denn mittels (94) folgt

$$\begin{pmatrix} u \\ v \end{pmatrix} = M^{-1}\begin{pmatrix} h \\ 0 \end{pmatrix} = \begin{pmatrix} A^{-1}[j,i]\,h \\ A_{j.}^{-1}[i]\,h \end{pmatrix} .$$

Um die Daten des gelösten Systems (82) verwenden zu können, wird (95) mittels (91) in der Form

$$V_1(i)\ A\ V_2(j)\begin{pmatrix}u\\v\end{pmatrix} = \begin{pmatrix}h\\0\end{pmatrix}$$

geschrieben. Hieraus folgt

$$A\ V_2(j)\begin{pmatrix}u\\v\end{pmatrix} = V_2(i)\begin{pmatrix}h\\0\end{pmatrix}$$

oder mit den Abkürzungen

$$V_2(j)\begin{pmatrix}u\\v\end{pmatrix} = l \quad \text{und} \quad V_2(i)\begin{pmatrix}h\\0\end{pmatrix} = c$$

$$Al = c, \tag{96}$$

also ein Gleichungssystem, das sich von dem bereits gelösten System nur durch die rechte Seite unterscheidet. Die rechte Seite c hat auf Grund von (93) die Form

$$c = (h_1, h_2, \ldots, h_{i-1}, 0, h_i, \ldots, h_{n-1})'.$$

Aus der berechneten Lösung l erhält man die gesuchten u und v wegen $\begin{pmatrix}u\\v\end{pmatrix} = V_1\ (j)\,l$ auf Grund von (92) wie folgt

$$\begin{aligned} u &= l\,[j]\,,\ \text{d. h. } l \text{ ohne die j-te Komponente } l_j, \\ v &= l_j\,. \end{aligned} \tag{97}$$

$A^{-1}_{.i}\,[j]$ und A^{-1}_{ji} erhält man gemäß (94) durch Auflösung des Gleichungssystems

$$M\begin{pmatrix}A^{-1}_{.i}\,[j]\\ \\ A^{-1}_{ji}\end{pmatrix} = e_n\ ,$$

das nach (91) die Form

$$V_1(i)\ A\ V_2(j)\begin{pmatrix}A^{-1}_{.i}\,[j]\\ \\ A^{-1}_{ji}\end{pmatrix} = e_n$$

annimmt. Hieraus folgt

$$A\ V_2(j)\begin{pmatrix} A^{-1}_{.i}[j] \\ \\ A^{-1}_{ji} \end{pmatrix} = V_2(i)e_n = e_i$$

oder mit der Abkürzung

$$V_2(j)\begin{pmatrix} A^{-1}_{.i}[j] \\ \\ A^{-1}_{ji} \end{pmatrix} = f$$

schließlich

$$Af = e_i. \tag{98}$$

Zur Auflösung dieses Systems können wieder die Lösungsdaten von (82) verwendet werden. Aus der berechneten Lösung f erhält man die gesuchten $A^{-1}_{.i}[j]$ und A^{-1}_{ji} wegen

$$\begin{pmatrix} A^{-1}_{.i}[j] \\ \\ A^{-1}_{ji} \end{pmatrix} = V_1(j)f$$

auf Grund von (92) wie folgt

$$\left.\begin{aligned} &A^{-1}_{.i}[j] = f[j], \text{ d.h. } f \text{ ohne die j-te Komponente } f_j, \\ &A^{-1}_{ji} = f_j\,. \end{aligned}\right. \tag{99}$$

Die gesuchte Lösung des Gleichungssystems (89) ergibt sich damit nach (90) endgültig in der Form

$$\boxed{g = u - \frac{v}{f_j}\, f[j]}\ , \tag{100}$$

wo u und v gemäß (97) aus der Lösung des Systems (96) hervorgehen und f[j] sowie f_j wie in (99) angegeben Lösungskomponenten des Systems (98) sind.

Die Berechnung von u und v kostet wieder n^2 Multiplikationen (M). Der Aufwand zur Berechnung von f hängt von i ab und beträgt (n-i+1)(n-i)/2 M. Das ergibt zusammen $2n^2 + 2n - ni + i^2/2 - i/2$ M. Den kleinsten Wert erhält man für i = n, nämlich $\frac{3}{2}(n^2 + n)$ wie nach (88), den größten für i = 1, nämlich $2n^2 + n$. Auch in diesem ungünstigsten Fall ist die Reduktionsmethode ab n = 8 günstiger als eine erneute Lösung von (89). Die Herleitung von (100) kann etwas vereinfacht werden, wenn man von der speziellen Lösungsformel (88) ausgeht.

4.5 Bibliographische Bemerkungen

Die Reduktionsmethode in ihrer einfachsten Form, d. h., daß in einer symmetrischen Matrix die letzte Zeile und Spalte gestrichen werden, wurde wohl zuerst 1936 von FISHER in der 6. Auflage seines bekannten Buches "Statistical Methods for Research Workers" [36], Abschn. 29.1, im Zusammenhang mit dem Weglassen einer Variablen bei der mehrfachen linearen Regression beschrieben. Wie FISHER bemerkt, verdankt er die Reduktionsformel, die ohne Beweis, nicht in Matrizenschreibweise und nur für den Spezialfall n = 3 angegeben wurde, H. SHULTZ, Chicago. Die bei FISHER eigentlich nur angedeutete spezielle Reduktionsformel wurde 1938 von COCHRAN [21] durch Betrachtung zweier benachbarter Gleichungssysteme für allgemeines n bewiesen. Für denselben Zweck der Regressionsanalyse (im Eisenhüttenwesen) benutzten 1958 KNÜPPEL, STUMPF und WIEZORKE [54], insbesondere S. 527–528, eine etwas allgemeinere Reduktionsformel für symmetrische Matrizen, bei denen ein beliebiges Paar symmetrischer Zeilen und Spalten weggelassen werden kann.

Die Reduktionsformel für nichtsymmetrische Matrizen, in denen eine beliebige Zeile und Spalte gestrichen werden kann, wurde 1958 von STENKER und SIEBER [82] durch Verifikation bewiesen (nicht in Matrizenform, sondern wie Formel (74) dieser Arbeit) und zur Lösung von Aufgaben aus der Rahmenstatik angewendet, siehe auch SIEBER 1961 [81]. Die speziellere Reduktionsformel für die letzte Zeile und Spalte wurde 1959 auch von RÓZSA [72] unter Benutzung der Ränderungsformel (43) gewonnen und bei der Untersuchung zweidimensionaler Schwingungssysteme verwendet.

Eine anders geartete Herleitung der Reduktionsformel für eine Zeile und Spalte stammt von EGERVÁRY (aus dem Nachlaß bearbeitet von RÓZSA), 1960 [32] für die letzte Zeile und Spalte einer beliebigen Matrix, 1960 [33] für eine beliebige Zeile und Spalte und Anwendung bei der numerischen Lösung der POISSONschen Differenzengleichung für beliebige Gebiete. In beiden Arbeiten wurde die Reduktionsformel durch Anwendung einer Matrizenoperation hergeleitet, die den Rang einer Matrix genau um Eins vermindert. Der von EGERVÁRY in [32] bewiesene Satz über die Rangverminderung wurde schon 1934 von WEDDERBURN [88] mit vollständigem Beweis angegeben und auch 1956 von BODEWIG [11] behandelt.

Eine Verallgemeinerung der Reduktionsformel von STENKER und SIEBER auf m wegzulassende Zeilen und Spalten stammt 1960 von FRANKE [38]. Die Elemente der gesuchten Inversen werden als Quotienten von je zwei Determinanten der Ordnungen (n-m+1) und (n-m) angegeben. Die theoretisch interessante Formel ist wegen ihres hohen Rechenaufwandes praktisch unbrauchbar, z. B. kostet die Reduktion einer Zeile und Spalte das Dreifache an Multiplikationen als nach Formel (71) dieser Arbeit.

Angeregt durch die Arbeiten von STENKER, SIEBER und FRANKE hat der Verfasser 1961 [96] die allgemeinen Formeln (69) und (70) für die Reduktion eines ganzen Blockes bei beliebigen nichtsingulären Matrizen, wie in Abschn. 4.1 angegeben, aus der allgemeinen Ränderungsformel hergeleitet. Diese einfachen Formeln enthalten alle bisher bekannten Reduktionsformeln (außer der Determinantenformel von FRANKE) als Spezialfälle.

Ausführungen über die Reduktionsmethode bei linearen Gleichungssystemen sind in der Literatur bisher nicht bekannt geworden. Das in dieser Arbeit hergeleitete Lösungsverfahren ist daher als neu anzusehen.

4.6 Abschätzung des Rechenaufwandes

Die Anzahl der Multiplikationen für die in den Abschnitten 4.1, 4.2 und 4.3 hergeleiteten Reduktionsformeln ist aus den beiden folgenden Tabellen ersichtlich. Darin bedeuten

n : Ordnung der bekannten Inversen,
m : Ordnung der gesuchten Inversen,
$k = n - m$.

a) Nichtsymmetrische Matrizen

Reduktion	Verfahren	Multiplikationen
k Spalten und Zeilen	Formel (69) oder (70)	$km^2 + k^2m + k^3 = km^2 + 0(m)$
1 Spalte und Zeile	Formel (71), (72) oder (73)	$m^2 + m + 1$

Vom Rechenaufwand her gesehen ist die Inversenberechnung durch Reduktion von k Spalten und Zeilen günstiger als die vollständige Neuberechnung der Inversen, wenn etwa $m \geqq \frac{2}{3}n$ gilt.

b) Symmetrische Matrizen

Reduktion	Verfahren	Multiplikationen
k Spalten und Zeilen	Formel (75) oder (76)	$\frac{k}{2}m^2 + (k^2 + \frac{k}{2})m + \frac{k^3}{2} + \frac{k^2}{2} - 1 = \frac{k}{2}m^2 + 0(m)$
1 Spalte und Zeile	Formel (77), (78) oder (79)	$\frac{m^2}{2} + \frac{3}{2}m + 1$

Wie man aus den Tabellen entnehmen kann, ist der Rechenaufwand für k Reduktionen von jeweils einer Spalte und Zeile etwa derselbe wie für eine einzige Reduktion von k Spalten und Zeilen. Eine Blockreduktion kann durch mehrere einfache Reduktionen ersetzt werden, vorausgesetzt, daß keine singulären Zwischenmatrizen auftreten.

4.7 ALGOL-Programme

Zur Berechnung von Inversen durch Reduktion von jeweils einer Zeile und Spalte wurden zwei ALGOL-Programme aufgestellt, und zwar die Prozedur INVRED nach Formel (73) (Streichung der i-ten Zeile und j-ten Spalte) und die Prozedur SYMRED nach Formel (79) (Streichung der i-ten Zeile und Spalte bei symmetrischen Matrizen).

```
procedure INVRED (n, i, j, a, p);
value n, i, j; integer n, i, j; array a, p;
comment INVRED (inverse of a reduced matrix) berechnet die Inverse P^-1 = p
einer beliebigen nichtsingulären (n-1, n-1)-Matrix P, die aus einer beliebigen nicht-
singulären (n, n)-Matrix A durch Reduktion (Weglassen) der i-ten Zeile und j-ten
Spalte hervorgeht. A^-1 = a wird als bekannt vorausgesetzt und nicht überspeichert;
begin integer k, l, m; real c; array t[1 : n];
      c := 1/a[j, i];
      for k := 1 step 1 until n do t[k] := c × a[k, i] ;
      for k := 1 step 1 until j − 1 do
         begin for l := 1 step 1 until i − 1 do
                    p[k, l] := a[k, l] − t[k] × a[j, l];
                for l := i + 1 step 1 until n do
                    p[k, l−1] := a[k, l] − t[k] × a[j, l]
         end;
      for k := j + 1 step 1 until n do
         begin for l := 1 step 1 until i − 1do
                    p[k−1, l] := a[k, l] − t[k] × a[j, l] ;
                for l := i + 1 step 1 until n do
                    p[k−1, l−1] := a[k, l] − t[k] × a[j, l]
         end
end INVRED
```

```
procedure SYMRED (n, i, a, p) ;
value n, i; integer n, i; array a, p;
comment SYMRED (inverse of a reduced symmetric matrix) berechnet die Inverse
P^-1 = p einer nichtsingulären symmetrischen (n-1, n-1)-Matrix P, die aus einer nicht-
singulären symmetrischen (n, n)-Matrix A durch Reduktion (Weglassen) der i-ten
Zeile und Spalte hervorgeht. A^-1 = a wird als bekannt vorausgesetzt und nicht über-
speichert;
begin integer k, l, m; real c; array t[1 : n];
      c := 1/a[i, i];
      for k := 1 step 1 until n do t[k] := c × a[k, i];
      for k := 1 step 1 until i − 1 do
         begin for l := 1 step 1 until k do
                  p[k, l] := p[l, k] := a[k, l] − t[k] × a [i, l];
               for l := i + 1 step 1 until n do
                  p[k, l−1] : = p[l−1, k] := a[k, l] − t[k] × a[i, l]

         end;
      for k := i + 1 step 1 until n do
      for l := i + 1 step 1 until k do
         p[k−1, l−1] := p[l−1, k−1] := a[k, l] − t[k] × a[j, l]
end SYMRED
```

4.8 Beispiele

Die in den Abschnitten 4.1, 4.2 und 4.3 hergeleiteten Formeln sollen nun an Hand einfacher Beispiele erläutert werden.

a) Nichtsymmetrische Matrizen

1. *Blockreduktion.* Gegeben sind eine Matrix A und ihre Inverse A^{-1}

$$A = \left(\begin{array}{c|c} P & Q \\ \hline R & S \end{array}\right) = \left(\begin{array}{rr|rr} 1 & 1 & 0 & -1 \\ 1 & 2 & 3 & 1 \\ \hline 2 & 0 & -1 & 0 \\ -2 & 1 & 5 & 3 \end{array}\right),$$

$$A^{-1} = \left(\begin{array}{c|c} W & X \\ \hline Y & Z \end{array}\right) = \left(\begin{array}{rr|rr} 5 & -4 & 3 & 3 \\ -13 & 11 & -7 & -8 \\ \hline 10 & -8 & 5 & 6 \\ -9 & 7 & -4 & -5 \end{array}\right).$$

Für die gesuchte Inverse P^{-1} ergibt sich nach (69)

$$Z^{-1} = \begin{pmatrix} 5 & 6 \\ -4 & -5 \end{pmatrix}, \quad Z^{-1}Y = \begin{pmatrix} -4 & 2 \\ 5 & -3 \end{pmatrix}, \quad XZ^{-1}Y = \begin{pmatrix} 3 & -3 \\ -12 & 10 \end{pmatrix}$$

und damit

$$P^{-1} = W - XZ^{-1}Y = \begin{pmatrix} 2 & -1 \\ -1 & 1 \end{pmatrix} .$$

2. *Die letzte Zeile und Spalte von A werden weggelassen.*

Gegeben sind

$$A = \left(\begin{array}{c|c} P & q \\ \hline r' & s \end{array}\right) = \left(\begin{array}{ccc|c} 1 & 2 & 1 & 1 \\ 1 & -3 & 3 & 0 \\ 4 & 1 & 7 & 1 \\ \hline 1 & -2 & 2 & 6 \end{array}\right),$$

$$A^{-1} = \left(\begin{array}{c|c} W & x \\ \hline y' & z \end{array}\right) = \left(\begin{array}{ccc|c} 144 & 88 & -54 & -15 \\ -29 & -18 & 11 & 3 \\ -77 & -47 & 29 & 8 \\ \hline -8 & -5 & 3 & 1 \end{array}\right) .$$

Die Auswertung der Gleichung (71) ergibt

$$\frac{1}{z} = 1, \quad xy' = \begin{pmatrix} -15 \\ 3 \\ 8 \end{pmatrix} (-8,\ -5,\ 3) = \begin{pmatrix} 120 & 75 & -45 \\ -24 & -15 & 9 \\ -64 & -40 & 24 \end{pmatrix}$$

und damit

$$P^{-1} = W - \frac{1}{z}\, xy' = \begin{pmatrix} 24 & 13 & -9 \\ -5 & -3 & 2 \\ -13 & -7 & 5 \end{pmatrix} .$$

3. *Die i-te Zeile und j-te Spalte von A werden weggelassen.*

Gegeben sind

$$A = \begin{pmatrix} 1 & 1 & 1 & 1 \\ 1 & 4 & 3 & 2 \\ 1 & 20 & 10 & 4 \\ 1 & 10 & 6 & 3 \end{pmatrix}, \quad A^{-1} = \begin{pmatrix} 4 & -6 & -1 & 4 \\ -1 & 3 & 1 & -3 \\ 4 & -11 & -3 & 10 \\ -6 & 14 & 3 & -11 \end{pmatrix} .$$

Für i = 3 und j = 2 folgt aus (73)

$$A^{-1}[j,i] = \begin{pmatrix} 4 & -6 & 4 \\ 4 & -11 & 10 \\ -6 & 14 & -11 \end{pmatrix} ,$$

$$\frac{1}{A^{-1}_{ji}} A^{-1}_{.i}[j]\, A^{-1}_{j.}[i] = \frac{1}{1}\begin{pmatrix} -1 \\ -3 \\ 3 \end{pmatrix}(-1,\ 3,\ -3) = \begin{pmatrix} 1 & -3 & 3 \\ 3 & -9 & 9 \\ -3 & 9 & -9 \end{pmatrix}$$

und damit

$$A^{*-1} = A^{-1}[j,i] - \frac{1}{A^{-1}_{ji}} A^{-1}_{.i}[j]\, A^{-1}_{j.}[i] = \begin{pmatrix} 3 & -3 & 1 \\ 3 & -9 & 9 \\ -3 & 5 & -2 \end{pmatrix} .$$

b) Symmetrische Matrizen

Die i-te Zeile und Spalte von A werden weggelassen. Gegeben sind

$$A = \begin{pmatrix} 1 & 1 & 1 & 1 \\ 1 & 2 & 4 & 3 \\ 1 & 4 & 20 & 10 \\ 1 & 3 & 10 & 6 \end{pmatrix} , \quad A^{-1} = \begin{pmatrix} 4 & -6 & -1 & 4 \\ -6 & 14 & 3 & -11 \\ -1 & 3 & 1 & -3 \\ 4 & -11 & -3 & 10 \end{pmatrix} .$$

Für i = 3 folgt aus (79)

$$A^{-1}[i,i] = \begin{pmatrix} 4 & -6 & 4 \\ -6 & 14 & -11 \\ 4 & -11 & 10 \end{pmatrix} ,$$

$$\frac{1}{A^{-1}_{ii}} A^{-1}_{.i}[i]\, A^{-1}_{i.}[i] = \frac{1}{1}\begin{pmatrix} -1 \\ 3 \\ -3 \end{pmatrix}(-1,\ 3,\ -3) = \begin{pmatrix} 1 & -3 & 3 \\ -3 & 9 & -9 \\ 3 & -9 & 9 \end{pmatrix}$$

und damit

$$A^{*-1} = A^{-1}[i,i] - \frac{1}{A^{-1}_{ii}} A^{-1}_{.i}[i]\, A^{-1}_{i.}[i] = \begin{pmatrix} 3 & -3 & 1 \\ -3 & 5 & -2 \\ 1 & -2 & 1 \end{pmatrix} .$$

Literatur

[1] BABUŠKOVÁ, R.: Über numerische Stabilität einiger Rekursionsformeln. Aplikace Matematiky 9 (1964), 186–193.

[2] BANACHIEWICZ, T.: Zur Berechnung der Determinanten, wie auch der Inversen, und zur darauf basierten Auflösung der Systeme linearer Gleichungen. Acta Astronomica, Sér. C, 3 (1937),42–67.

[3] BANACHIEWICZ, T.: Calcul des déterminants par la méthode des cracoviens. Bull. Internat. Acad. Polon., Sér. A, Sci. Math. (1937), 109–120.

[4] BANACHIEWICZ, T.: Méthode de résolution numérique des équations linéaires, du calcul des déterminants et des inverses et de réduction des formes quadratiques. Bull. Internat. Acad. Polon., Sér. A, Sci. Math. (1938), 393–404.

[5] BANACHIEWICZ, T.: Principes d'une nouvelle technique de la méthode des moindres carrés. Bull. Internat. Acad. Polon., Sér. A, Sci. Math. (1938), 134–135.

[6] BARTLETT, M. S.: An inverse matrix adjustment arising in discriminant analysis. Ann. Math. Statistics 22 (1951), 107–111.

[7] BAUER, F. L.: Genauigkeitsfragen bei der Lösung linearer Gleichungssysteme. Z. Angew. Math. Mech. 46 (1966), 409–421.

[8] BENNETT, J. M.: Triangular factors of modified matrices. Num. Math. 7 (1965), 217–221.

[9] BODEWIG, E.: Bericht über die verschiedenen Methoden zur Lösung eines Systems linearer Gleichungen mit reellen Koeffizienten. I, II, III, IV, V. Proc. Konink. Nederl. Akad. Wetensch. Ser. A 50 (1947), 930–941, 1104–1116, 1285–1295, (= Indagationes Math. 9, 441–452, 518–530, 611–621); 51 (1948), 53–64, 211–219, (= Indagationes Math. 10, 24–35, 82–90).

[10] BODEWIG, E.: Comparison of some direct methods for computing determinants and inverse matrices. Proc. Konink. Nederl. Akad. Wetensch. Ser. A 50 (1947), 49–57, (= Indagationes Math. 9, 34–42).

[11] BODEWIG, E.: Zum Matrizenkalkül. I, II, III, IV, V. Proc. Konink. Nederl. Akad. Wetensch. Ser. A 58 (1955), 95–106; 59 (1956), 301–304, 305–312; 60 (1957), 82–87, 242–247, (= Indagationes Math. 17, 18, 19).

[12] BODEWIG, E.: Die Inversion geodätischer Matrizen. Bull. Géodésique (Toulouse) 41 (1956), 9–62.

[13] BODEWIG, E.: Matrix Calculus. North Holland Publ. Comp., Amsterdam, and Interscience Publ., New York 1956, 334 S.; second revised and enlarged edition 1959, 452 S.

[14] BOLTZ, H.: Entwicklungsverfahren zur Ausgleichung geodätischer Netze nach der Methode der kleinsten Quadrate. Veröffentlichungen des Preussischen Geodätischen Instituts. Neue Folge, Nr. 90, Berlin 1923.

[15] BROCK, J. E.: Variations of coefficients of simultaneous linear equations. Quart. Appl. Math. 11 (1953), 234–240.

[16] BÜCKNER, H. F.: Remarks on the method of tearing. (Unveröffentlicht).

[17] BÜCKNER, H. F.: Elektronische Rechenmaschinen in der Starkstromtechnik. In „Anwendung elektrischer Rechenanlagen in der Starkstromtechnik", VDE Verlag, Berlin 1958, 51–63.

[18] BÜCKNER, H. F.: Numerical methods for integral equations. In "Survey of Numerical Analysis" (Ed. J. TODD), McGraw-Hill, New York – San Francisco – Toronto – London 1962, 439–467.

[19] CHEN, H. C., CHENG, D. K.: A useful matrix inversion formula and its applications. Proc. IEEE 55 (1967), 705–706.

[20] CHIDAMBARA, M. R.: On the inverses of certain matrices. IEEE Trans. Automat. Control 12 (1967), 214–215.

[21] COCHRAN, W. G.: The omission or addition of an independent variate in multiple linear regression. Supplement Journal Statistical Society 5 (1938), 171–176.

[22] DÜCK, W.: Iterative Verfahren und Abänderungsmethoden zur Inversion von Matrizen. Habilitationsschrift, TH Karl-Marx-Stadt 1964, 76 S., ebenfalls in Wiss. Z. TH Karl-Marx-Stadt 8 (1966), 259–273.

[23] DÜCK, W.: Inversion symmetrischer Matrizen durch Abänderungsmethoden. Z. Angew. Math. Mech. 46 (1966), Sonderheft GAMM-Tagung Darmstadt 1965, T 41–T43.

[24] DÜCK, W.: Methoden zur Berücksichtigung nachträglicher Abänderungen bereits invertierter Matrizen und deren Anwendung auf betriebs- und volkswirtschaftliche Probleme. In „Mathematik und Wirtschaft" Bd. III, Verlag Die Wirtschaft, Berlin 1966, S. 127–151.

[25] DÜCK, W.: Abänderung der Koeffizientenmatrix linearer Gleichungssysteme. In „Mathematik und Wirtschaft" Bd. IV, Verlag Die Wirtschaft, Berlin 1967, S. 130–157.

[26] DUNCAN, W. J.: Some devices for the solution of large sets of simultaneous linear equations. Phil. Magazine (7) 35 (1944), 660–670.

[27] DUNCAN, W. J.: Reciprocation of triply-partitioned matrices. J. Royal Aeronautical Soc. 60 (1956), 131–132.

[28] DURAND, E.: Solutions numériques des équations algébriques. Tome II: Systèmes de plusieurs équations, valeurs propres des matrices. Masson & Cie., Paris 1961, 445 S.

[29] DWYER, P. S.: Linear Computations. Wiley & Sons, New York 1951, 344 S.

[30] DWYER, P. S., WAUCH, F. V.: On errors in matrix inversion. J. Amer. Statist. Assoc. 48 (1953), 289–319.

[31] EDELBLUTE, D. J.: Matrix inversion by rank annihilation. Math. of Computations 20 (1966), 149–151.

[32] EGERVÁRY, E.: On rank-diminishing operations and their applications to the solution of linear equations. Z. Angew. Math. Phys. 11 (1960), 376–386. (A posthumous paper, prepared for publication by P. RÓZSA).

[33] EGERVÁRY, E.: Über eine Methode zur numerischen Lösung der POISSONschen Differenzengleichung für beliebige Gebiete. Acta Math. Acad. Sci. Hung. 11 (1960), 341–361. (Aus dem Nachlaß des Verfassers bearbeitet durch P. RÓZSA).

[34] FADDEJEW, D. K., FADDEJEWA, W. N.: Numerische Methoden der linearen Algebra. VEB Dtsch. Verl. d. Wiss., Berlin 1964, 771 S. (Übers. aus d. Russ.).

[35] FIEDLER, M., PTÁK, V.: On aggregation in matrix theory and its application to numerical inverting of large matrices. Bull. Acad. Polon. Sci. Sér. Sci. Math. Astron. Phys. 11 (1963), 757–759.

[36] FISHER, R. A.: Statistical Methods for Research Workers. Oliver and Boyd, sixth Ed., Edinburgh 1936, 356 S.

[37] FORSYTHE, G. E.: Tentative classification of methods and bibliography on solving systems of linear equations. In "Simultaneous Linear Equations and the Determination of Eigenvalues". Nat. Bur. Standards, Appl. Math. Ser. 29 (1953), 1–28.

[38] FRANKE, F.: Verallgemeinerung eines Reduktionssatzes über Umkehrmatrizen. Jenaer Jahrbuch 1960, 2. Teil, 687–694.

[39] FRAZER, R. A., DUNCAN, W. J., COLLAR, A. R.: Elementary Matrices. Cambridge University Press, Cambridge 1938, 416 S.

[40] GUTTMAN, L.: Multiple rectilinear prediction and the resolution into components. Psychometrika 5 (1940), 75–99.

[41] GUTTMAN, L., COHEN, J.: Multiple rectilinear prediction and the resolution into components. II. Psychometrika 8 (1943), 169–183.

[42] GUTTMAN, L.: Enlargement methods for computing the inverse matrix. Ann. Math. Statistics 17 (1946), 336–343.

[43] HERNDON, J. R.: Adjust inverse of a matrix when an element is perturbed. Comm. Ass. Comp. Mach. 4 (1961), 180, Algorithm 51.

[44] HORVAT, E.: Modificación del procedimiento de desarrollo de BOLTZ para la ampliación de matrices inversas. Revista Cartográfica (Buenos Aires) XV, No. 15, (1966), 1–24.

[45] HOTELLING, H.: Some new methods in matrix calculation. Ann. Math. Statistics 14 (1943), 1–34.

[46] HOUSEHOLDER, A. S.: Principles of Numerical Analysis. McGraw–Hill, New York – Toronto – London 1953, 274 S.

[47] HOUSEHOLDER, A. S.: A survey of closed methods for inverting matrices. J. Soc. Ind. Appl. Math. 5 (1957), 155–169.

[48] HOUSEHOLDER, A. S.: The Theory of Matrices in Numerical Analysis. Blaisdell Publ. Comp., New York – Toronto – London 1964, 257 S.

[49] JERSCHOW, A. P. (Ершов, А.П.): Об одном методе обращения матриц. Dokl. Akad. Nauk SSSR 100 (1955), 209–211.

[50] JOSSA, F.: Risoluzione progressiva di un sistema di equazioni lineari. Analogia con un problema meccanico. Rend. Accad. Sci. Fis. Mat., Napoli, (4) 10 (1940), 346–352.

[51] KLEIN, G.: Der Einfluß der Abänderung von Elementen einer Matrix auf ihre inverse Matrix. Elektron. Datenverarbeitung 6 (1964), 223–225.

[52] KLINGST, A.: Vermeidung der Fehlerfortpflanzung bei der Inversion großer Matrizen mit Hilfe einer elektronischen Rechenmaschine. Math. – Techn. – Wirtschaft 7 (1960), 110–111.

[53] KLINGST, A.: Die Inversion großer Matrizen mit Hilfe von elektronischen Rechenmaschinen. Wiss. Z. TU Dresden 10 (1961), 1045–1047.

[54] KNÜPPEL, H., STUMPF, A., WIEZORKE, B.: Mathematische Statistik im Eisenhüttenwesen. Archiv für das Eisenhüttenwesen 29 (1958), 521–533.

[55] KOSKO, E.: Reciprocation of triply partitioned matrices. J. Royal Aeronaut. Soc. 60 (1956), 490–491.

[56] KOSKO, E.: Matrix inversion by partitioning. Aeronaut. Quart. 8 (1957), 157–184.

[57] KRON, G.: Factorized inverse of partitioned matrices. Matrix Tensor Quart. 8 (1957), 39–41.

[58] KRON, G.: Diakoptics. Macdonald, London 1963.

[59] LOHAN, R.: Das Entwicklungsverfahren zum Ausgleich geodätischer Netze nach BOLTZ im Matrizenkalkül. Z. Angew. Math. Mech. 13 (1933), 59–60.

[60] LOTKIN, M., REMAGE, R.: Matrix inversion by partitioning. Proc. Assoc. Comput. Mach., Meeting at Toronto 1952, Sauls Lith. Co., Washington, D. C., 1953, 36–41.

[61] LOTKIN, M., REMAGE, R.: Scaling and error analysis for matrix inversion by partitioning. Ann. Math. Statistics 24 (1953), 428–439.

[62] MADIC, P.: Sur une méthode de résolution des systèmes d'équations algébriques linéaires. C. R. Acad. Sci. Paris 242 (1956), 439–441.

[63] MEISSL, P.: Die verallgemeinerte Inverse einer modifizierten Matrix. Z. Angew. Math. Mech. 47 (1967), Sonderheft GAMM-Tagung Zürich 1967, T66–T67.

[64] MORRIS, J.: An escalator process for the solution of linear simultaneous equations. Phil. Magazine (7) 37 (1946), 106–120.

[65] MORRISON, I. F.: The solution of three-term simultaneous linear equations by the use of submatrices. Engineering J. 29 (1946), 80–83.

[66] MORRISON, I. F.: Discussion of Weiner's paper: Variation of coefficients of simultaneous linear equations. Trans. Amer. Soc. Civil Engrs. 113, Nr. 2358 (1948), 1379–1381.

[67] MÜLLER-MERBACH, H.: Lineare Planungsrechnung mit parametrisch veränderten Koeffizienten der Bedingungsmatrix. Ablauf- und Planungsforschung 8 (1967), 341–354.

[68] PEASE, M. C.: Matrix inversion using parallel processing. J. Ass. Comp. Mach. 14 (1967), 757–764.

[69] PERNA, J.: A partitioning technique for the inversion of higher order matrices. Industrial Mathematics 8 (1957), 93–102.

[70] ROGGE, T. R., WALLING, D. D.: A note on the bordering method of inverting a matrix. Amer. Math. Monthly 73 (1966), 879–880.

[71] RÓZSA, P.: Die Anwendung des Matrizenkalküls auf die Statik von Balken und Platten. (Ungar.). Publ. Math. Inst. Hung. Acad. Sci. I (1956), 593–621.

[72] RÓZSA. P.: О применении клеточных матриц в механике корпускулярных систем.
Uspechi Mat. Nauk 14 (1959), Wyp. 4 (88), 207–211.

[73] RUTISHAUSER, H.: Description of ALGOL 60. Handbook for Automatic Computation. Vol. I, Part a. Springer-Verlag, Berlin – Heidelberg – New York 1967, 323 S.

[74] SABROFF, R. R., HIGGINS, T. J.: A critical study of KRON's method of "tearing". I, II, III, V. Matrix Tensor Quart. 7 (1957), 107–113; 8 (1957), 5–12, 43–51; 8 (1958), 106–112.

[75] SCHULZ, G.: Iterative Berechnung der reziproken Matrix. Z. Angew. Math. Mech. 13 (1933), 57–59.

[76] SCHUR, I.: Über Potenzreihen, die im Innern des Einheitskreises beschränkt sind. J. Reine Angew. Math. 147 (1917), 205–232.

[77] SEWARD, J. S.: Error correction in solutions of linear systems. Industrial Mathematics 9 (1958), 41–50.

[78] SHERMAN, J.: Computations relating to inverse matrices. In "Simultaneous Linear Equations and the Determination of Eigenvalues". Nat. Bur. Standards. Appl. Math. Ser. 29 (1953), 123–124.

[79] SHERMAN, J., MORRISON, W. J.: Adjustment of an inverse matrix corresponding to changes in the elements of a given column or a given row of the original matrix. Ann. Math. Statistics 20 (1949), 621.

[80] SHERMAN, J., MORRISON, W. J.: Adjustment of an inverse matrix corresponding to a change in one element of a given matrix. Ann. Math. Statistics 21 (1950), 124–127.

[81] SIEBER, N.: Ein Reduktionssatz über Umkehrmatrizen und seine Anwendung auf ein Beispiel aus der Stabstatik. Wiss. Z. TU Dresden 10 (1961), 1053–1054.

[82] STENKER, H., SIEBER, N.: Ein Reduktionssatz über Umkehrmatrizen und seine Anwendung auf ein Beispiel aus der Statik. Wiss. Z. Hochsch. Architektur u. Bauwesen Weimar 6 (1958/59), 105–117.

[83] STEWARD, D. V.: Partitioning and tearing systems of equations. Math. Res. Center, U. S. Army, Univ. of Wisconsin Techn. Summary Rep. No. 581, 1965, 32 pp; ebenfalls in J. Soc. Ind. Appl. Math. Ser. B Num. Anal. 2 (1965), 345–365.

[84] UNGER, H.: Zur Auflösung umfangreicher linearer Gleichungssysteme. Z. Angew. Math. Mech. 32 (1952), 1–9.

[85] VAN DER WAERDEN, B. L.: Eine Bemerkung zur numerischen Berechnung von Determinanten und Inversen von Matrizen. Jahresber. Dtsch. Math. Vereinig. 48 (1938), 29–30 (kursiv).

[86] WALTMANN, W. L.: A revision of a completion method for inverting matrices and its adaption to ill-conditioned matrices. Proc. Iowa Acad. Sci. 67 (1960), 362–368.

[87] WAUGH, F. V.: A note concerning HOTELLING's method of inverting a partitioned matrix. Ann. Math. Statistics 16 (1945), 216–217.

[88] WEDDERBURN, J. H. M.: Lectures on matrices. Amer. Math. Society, New York 1934, 205 S.

[89] WEINER, B. L.: Variation of coefficients of simultaneous linear equations (with discussions). Trans. Amer. Soc. Civil Engrs. 113, Nr. 2358 (1948), 1349–1390.

[90] WILF, H. S.: Matrix inversion by the annihilation of rank. J. Soc. Ind. Appl. Math. 7 (1959), 149–151.

[91] WILF, H. S.: Matrix inversion by the method of rank annihilation. In "Mathematical Methods for Digital Computers" (Eds.: A. Ralston, H. S. Wilf), Wiley & Sons, New York – London 1960, 73–77.

[92] WILF, H. S.: Matrizen-Inversion nach der Methode der Rang-Annullierung. In „Mathematische Methoden für Digitalrechner" (Hrsg.: A. Ralston, H. S. Wilf), Oldenbourg Verlag, München – Wien 1967, 127–137. (Übers. von [91] mit ALGOL-Programmen).

[93] WOJEWODIN, W. W. (Воеводин, В.В.): Численные методы алгебры. Теория и алгорифмы. Isdat. Nauka, Moskau 1966, 248 S.

[94] WOODBURY, M. A.: Inverting modified matrices. Statistical Research Group, Memorandum Report 42, Princeton Univ., Princeton, N. J., 1950, 4 S.

[95] WOROBEWA, A. P., MEDWEDEW, G. S. (Воробева, А.П., Медведев, Г.С.): Об обращении матриц специального вида. Sh. Wytschislit. Mat. i Mat. Fis. 7 (1967), 406–408.

[96] ZIELKE, G.: Inversion von Matrizen durch Reduktion. Unveröffentlichtes Manuskript, Jena 1961.

[97] ZIELKE, G.: Adjustment of the inverse of a symmetric matrix when two symmetric elements are changed. Comm. Ass. Comp. Mach. 11 (1968), 118, Algorithm 325.

[98] ZIELKE, G.: Änderung der Inversen einer symmetrischen Matrix bei symmetrischer Zeilen- und Spaltenänderung. Computing 3 (1968), 76–77, Algorithmus 6.

[99] ZIELKE, G.: Inversion of modified symmetric matrices. J. Ass. Comp. Mach. 15 (1968), No. 3, 402–408.

[100] ZURMÜHL, R.: Praktische Mathematik für Ingenieure und Physiker. Springer-Verlag, 4. verbesserte Aufl., Berlin – Göttingen – Heidelberg 1963, 542 S.

Namen- und Sachverzeichnis

Logik und Grundlagen der Mathematik

Herausgegeben von Dieter Rödding

Eine Buchreihe für Wissenschaftler, Studenten und interessierte Laien. Die Spanne reicht von Berichten über neueste Forschungsergebnisse und Lehrbücher für Studenten bis hin zu allgemeinverständlichen einführenden Schriften.

Der thematische Rahmen umfaßt: Beiträge zur Begründung der Mathematik im weitesten Sinne, Veröffentlichungen zu Grundlagenproblemen der Mathematik unter dem Gesichtspunkt der mathematischen Logik und Einzeldarstellungen aus dem Gebiet der mathematischen Logik.

Band 1: Elementarmathematik in moderner Darstellung

Von Prof. Dr. Lucienne Félix. Übersetzung der französischen Originalausgabe „Exposé moderne des mathématiques élémentaires" von Dr. I. Steinacker. Mit einem Vorwort von K. Wigand. Braunschweig: Vieweg, 2., erweiterte und überarbeitete Auflage, 1969. DIN C 5. XVI, 583 Seiten mit 80 Abb. Gebunden DM 48,–

Band 2: Über mehrwertige Logik

Von A. A. Sinowjew. Übersetzung der russischen Originalausgabe von H. Wessel. Braunschweig: Vieweg, 1968. DIN A 5. 127 Seiten. Paperback DM 9,80

Band 3: Boolesche Algebra und ihre Anwendungen

Von J. Eldon Whitesitt. Übersetzung der amerikanischen Originalausgabe „Boolean Algebra and its Applications" von U. Klemm. Braunschweig: Vieweg, Nachdruck der 2. Auflage, 1969. DIN C 5. VIII, 207 Seiten mit 123 Abb. Paperback DM 10,80

Band 4: Neue Elementargeometrie

Von Gustave Choquet. Übersetzung der französischen Originalausgabe "L'enseignement de la geometrie" von K. Wigand. Braunschweig: Vieweg, 1970. DIN C 5. XII, 145 Seiten mit 16 Abb. Gebunden DM 16,80